전원주택
짓고 즐기며
삽니다

헛돈
쓰지 않고,
꿈꾸던 대로

전원주택
짓고 즐기며
삽니다

정문영 지음

청림Life

전원생활은
나를 찾아가는 과정

나는 늘 현재에 만족하지 못했다. 끊임없이 새로운 무언가를 찾았고, 피곤해도 쉽게 잠들지 못하고 고민하다 밤을 지새웠다. 스스로 저주라고 느낄 만큼 강박적이었다. 가정을 꾸리고 아빠가 되어 안정을 찾기 위해 한곳에 매진하기도 했지만, 안주하는 삶은 만족스럽지 않았다. 기회만 되면 끊임없이 강도 높은 경쟁 속으로 뛰어들었고, 그 경쟁에서 승자가 되어서도 성취감은 오래가지 않았다. 무엇 하나 뚜렷하게 나를 증명할 수 있는 것을 찾지 못해 불안하기만 했다.

나는 나만의 삶의 방식을 찾고 싶었다. 결코 돈이 많다고 살 수 있는 삶도 아니고, 그렇다고 누군가의 귀감이 되는 모범적인 삶도 아닌, 새로운 장르를 개척한 선두주자이고 싶었다. 그래서 열심히도 두드렸다. 도전하고 두드리다 보면 언젠가는 이 저주 같은 갈증이 해소될 날이 오겠지 싶었다.

나의 목마름을 해소시켜줄 많은 대안들 중 하나가 바로 '바닷가 전원주택'이었다. 완성하기까지 시행착오만 몇 년이 걸렸고, 그 과정에서 알 수 없는 불안감은 커져만 갔다. 하지만 전원주택을 완공한 이후 방향을 찾지 못해 늘 헤매던 나의 눈빛이 다시 제자리로 돌아왔다.

집을 짓고 5년이 지난 지금, 가장 만족스러워하는 사람은 바로 나의 아내다. 그냥 만족하며 살면 편할 텐데, 늘 무언가를 찾아 방황하는 내 모습에 가장 불안해했던 사람은 나보다 아내였던 것이다. 나 역시 느끼고 있다. 내 안에서 늘 목말라 하던 열망들이 잠잠해졌다는 것을.

돌이켜보면 전원생활은 새로운 나를 찾아가는 과정이었다. 항상 목표와 계획, 성취에 대한 생각으로만 가득했던 내가 전원생활을 하며 망각을 배웠다. 땀 흘리며 더 많이 움직일수록 머릿속은 점점 더 맑아졌다. 넓은 잔디밭에서 잔디깎이를 돌릴 때면 머릿속의 욕망을 지우개로 지우는 느낌이었다. 몸으로 하는 일들이 늘었지만 해야 할 필요가 없는 고민들은 줄었다.

지우는 법을 배웠고, 잊는 법을 배우고 있다. 무언가를 찾으려 그 오랜 시간을 방황했지만, 정작 해답은 그 무언가를 잊는 것이었다. 전원생활을 즐기면 즐길수록 막연한 열망은 희미해졌고, 삶의 패턴은 점점 단순해졌다.

계획대로 되어야만 하는 예민하고 강박적인 내가 그냥 흘러가는 강물에 몸을 맡기고 어디까지 흘러가는지 느긋하게 지켜보는 여유까지 가지게 되었다. 이렇게 흘러가는 대로 살아보는 것도 나쁘지 않다는 것을 깨달았다. 어디까지인지는 모르겠지만 계속 떠내려가고 싶어졌다.

전원주택을 짓는 것이 나의 최종 꿈은 아니었다. 단지 수많은 목표 중 하나였을 뿐이다. 하지만 전원생활 덕분에 모든 목표들을 이뤄내지 않아도 큰 문제가 되지 않는다는 것을 알게 되었다. 계절이 변하듯, 조류가 바뀌듯, 그렇게 흘러가는 법을 배운 셈이다.

목표를 버리니 새로운 기회도 생겨났다. 대단한 목적 없이 오직 즐기기 위해 시작한 유튜브 활동은 나를 소류지에서 강으로, 강에서 더 큰 바다로 인도하기 시작했다. 나와 같은 목마름을 가진 사람들이 영상을 보고 하나둘 페이스메이커를 자처해주었고, 숨가쁘게 시작한 유튜브 활동은 그분들의 도움으로 빠르게 안정될 수 있었다.

그렇게 모난 돌멩이 같던 내가 비로소 세상과 소통하며 따뜻함을 배우기 시작했다. 자연 속에 고립될까 염려했던 전원생활은 오히려 더 큰 세상과 연결시켜주었고, 나 혼자가 아닌 모두의 전원생활이 되어갔다.

이제 그동안 받았던 도움들을 조금씩 나누고 싶다. 전원생활을 꿈꾸고 계획하는 사람들에게 조금이라도 시행착오를 줄일 수 있는 방법을 이 책을 통해 공유하고자 한다. 시작하기 전부터 높은 진입장벽에 가로막혀 겁을 먹고 꿈을 접었던 사람들을 위해, 작지만 단단한 망치가 되어 그 장벽들을 하나씩 함께 깨부수고자 한다. 나의 진심을 담은 이 미약한 망치질이 부디 무거운 울림이 되어 독자들에게 전달되길 바란다.

자신 있게 말하지만, 나는 지금이 즐겁고 참 좋다.

나의 장르는
바닷가 전원생활이다

강원도 바닷가 시절부터 충남 서천에서의 전원생활까지, 매일의 에피소드를 사진에 담아 기록해두었다. 물론 영상으로 담을 수도 있었지만 용량을 감당하기 힘들었다. 그러던 중 동영상을 저장할 수 있는 플랫폼인 유튜브를 알게 되었고, 전 세계인과 공유하고 소통할 수 있다는 장점까지 있으니 한 10년만 꾸준히 해보기로 결심했다.

계정은 '바닷가 전원주택', 콘셉트는 '40대 아저씨의 좌충우돌 전원생활 시행착오기'로 잡았다. 당시 유튜브에서는 '영국남자'라는 외국인이 엄청난 인기를 끌고 있었는데, 나도 언젠가는 외국에서 'Korean Man(한국남자)'으로 활동해야지 하는 매우 단순한 생각으로 영상 속 내 이름을 '케이맨(K-Man)'으로 정했다(아마 많은 구독자들이 나의 성이 김 씨라서 케이맨인 줄 알고 있을 텐데 사실 나의 이름엔 'ㄱ'자가 하나도 없음을 밝힌다).

그렇게 시작한 유튜브 활동이 이제는 나란 사람을 보여주는 가장 큰 브랜드가 되었고, 내가 가장 즐겨하는 취미활동이 되었다. 수많은 사람들이 따뜻한 격려의 인사를 건네주었고, 다양한 전문가들이 전원생활에 대한 지식을 댓글로 공유해주었다. 이 기회에 진심으로 감사인사를 드리고 싶다.

물론 어처구니없는 댓글도 있었다.

"게이인가요? 아니면 이혼하셨나요?"

"전원생활을 하려면 수십억 원이 들지 않나요? 돈이 많아야 할 수 있죠?"

오죽하면 이런 반복적인 댓글 때문에 해명 영상까지 찍었겠는가? 한 번은 출연을 꺼려하는 아내에게 이런 오해를 종식시키기 위해 출연을 부탁한 적도 있었다. 당연히 아내는 출연을 고사했다.

또 한 번은 정기모임에 참가한 여자 동기를 아내라고 오해해 하나하나 답글을 단 적도 있었으니, 그 동기의 남편에게 죄송스러울 지경이었다. 어쨌거나 모두 웃지 못할 해프닝이었고, 지금까지도 가끔씩 듣는 질문이지만 그러려니 하고 웃어넘긴다.

하지만 두 번째 질문은 조금 다른 문제로 보인다. 마치 돈이 많아야만 전원생활을 할 수 있다는 생각을 의외로 많은 사람들이 하고 있는데, 이런 댓글을 볼 때마다 전원생활의 벽이 높다는 것과 잘못된 인식이 많다는 것을 느낀다. 실제로 '돈'과 '전원생활을 잘 즐기는 것'은 생각만큼 큰 연관성이 없다. 물론 돈이 많으면 좋은 전원주택을 지을 수 있다. 하지만 돈이 많다고 해서 누구나 전원생활을 잘할 수는 없다. 좋은 집이 전부가 아니기 때문이다. 심지어 시골에 살아도 전원생활을 즐기지 못할 수 있고, 도시에 살아도 주말마다 전원생활을 잘 즐길 수 있다.

1년 전 여름의 초입, 문득 이런 생각이 들었다.

'왜 전원주택이 전원생활의 전부라고 생각할까?'

'즐길 거리에 대해서 제대로 고민하지 않는 이유가 뭘까?'

'내가 전원생활에 대한 오해를 풀어준다면 도움이 되지 않을까?'

나는 전원생활 전문가가 아니다. 하지만 이제는 가족 중심으로 바뀐 여가 문화에 맞게 새로운 정보를 알릴 수 있겠다는 자신감이 생겼다. 그게 바로 내가 〈바닷가 전원주택〉이라는 유튜브를 하는 이유다.

〈바닷가 전원주택〉의 케이맨,
정문영

〈바닷가
전원주택〉
유튜브
계정

CONTENTS

1장   나는 바닷가 전원주택에 산다

4장 전원생활을 위한 Q&A

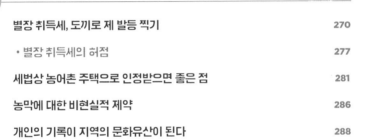

5장 알아두면 좋은 법과 제도들

나는
바닷가
전원주택에
산다

추억의
길목 위에서

신혼의 어느 가을날, 노랗게 물든 들판을 내달리며 문득 떠오른 어린 시절의 추억 한 소절을 아내에게 아무 생각 없이 내뱉었던 게 화근이 었다.

"어린 시절 이맘때면 늘 콜라병 하나 들고 논에 들어가 메뚜기를 잡아오곤 했었지. 그러면 어머니께서 잡은 메뚜기들을 볶아서 도시락 반찬으로 싸주시곤 했는데…."

이 한마디에 화들짝 놀란 아내는 아무리 설명을 해도 믿지 않았다. 이게 그리 놀랄 일인가, 오히려 내가 더 놀라고 말했다. 내 나이에 다들 메뚜기 반찬 싸서 다니지 않았나? 얼마나 맛있었는데….

이후 술자리를 빌어 어린 시절 먹었던, 요즘은 사라진 간식들을 하나씩 설명해주었는데 추억에 빠진 나는 신이 났지만, 아내는 듣기 싫어 진저리치던 모습이 생생하다. 어디 메뚜기뿐이랴? 잠자리를 잡아오면 할머니는 웃으시며 잠자리 날개를 뜯어내고 숯불에 구워주셨

고, 사마귀 빼고는 살아 움직이는 곤충은 모두 불에 구워먹으면 되는
줄 알고 열심히 잡아서 손질도 안 하고 구워먹곤 했다. 지금 생각하
면 속이 익지 않은 방아깨비는 정말 맛이… 별로였다. 찌그러진 주전
자를 들고 개울가 돌을 뒤집으며 가재를 잔뜩 잡아오면, 그날은 국수
파티가 있는 날이었다. 웅덩이에서 잡은 물방개는 고추장찌개에 넣
어 맛있게 씹어 먹었다. 개울가에서 잡은 피라미는 똥도 안 빼고 횟
감이 되던 시절. 그때는 누가 뭐 잡으러 가자고 하면 자다가도 벌떡
일어났다. 모두 어릴 적 추억의 한 조각이었다.

돌이켜보면 나의 마음에 다시금 시골의 향수를 가져다준 경험이 또
있다. 내 동년배들이라면 한 번쯤 대학 시절, 농활에 참여했던 기억
이 있을 것이다.

수십 명의 대원들을 이끌고 강원도 평창으로 떠난 농활. 물이 허벅지
까지 차는 논에 들어가 잡초를 뽑아야 했는데, 난이도 별 10개짜리,
허리디스크 유발성 중노동 100단계짜리 일이었다. 더구나 서울촌
놈들은 피부가 약해 논에 한 번 들어갔다 나오면 남자고 여자고 죄다
피부에 발진이 생긴다고 난리였다. 하필 나의 타고난 피부는 풀독이
오르지 않으니 싫어도 무조건 가야만 했다. 그래서 떠맡게 된 대장자
리는 고됐지만 기억에 오래 남았다. 하루종일 논을 깨끗하게 정리한
그날의 뿌듯함은 평생 잊혀지지 않는다.

일을 마치면 마을 분들이 소머리국을 끓여주셨는데, 냄새를 맡고 달

려드는 날벌레 떼도 아랑곳하지 않고 후루룩 마셔버릴 만큼 맛있었다. 안주도 동이 나고 슈퍼도 모두 문을 닫은 밤, 논밭에 울어대는 개구리를 잡아서 안주로 하자고 동기들을 부추긴 적도 있었다. 랜턴 하나 없이 논밭에 나가 한밤의 난투극을 벌이고 돌아와서 구워먹는 개구리 맛은 아직도 친구들이 기억할 만큼 특별했다.

이제 나이가 들어 매달 염색을 하지 않으면 안 되는 시기가 왔지만, 푸르른 자연 앞에 서면 언제나 동심이 터져 나오는 본능은 나에게 큰 축복이다. 적어도 전원생활을 즐기는 나에게는 그렇다.
어린 시절의 많은 추억은 마음속 색종이에 고이 감싸 보관하기로 했었다. 하지만 언제나 꿈꾸며 찾아다녔던 열정 때문이었을까? 나이가 들어 은퇴할 때쯤 전원생활을 시작하며 고스란히 꺼내보려 했는데 그 시기가 생각보다 빨리 찾아왔다. "언젠가는 자연으로 돌아가리." 했던 노랫말 같은 계획이 30대의 젊은 나이에 실현될 줄이야.

은퇴 후가 아닌
바로 지금

나이 오십이 넘을 즈음 아들을 대학에 보내고 시간적으로나 경제적
으로 여유로워지면, 어느 한적한 바닷가를 찾아 전원주택을 지을 계
획이었다. 그렇게 짓게 될 집은 노후를 보낼 안식처이자 새롭게 시작
되는 인생 3막의 무대가 될 예정이었다. 아마 전원생활을 계획하는
모든 이의 마음이 이와 비슷할 것이다.

하지만 그냥 시간을 보낼 수는 없었다. 여러 가지 방법을 알아보던
중 강원도 바닷가 바로 앞에 위치한 작은 아파트를 지금과는 비교할
수 없이 싼 가격에 마련할 수 있는 기회를 잡았다. 그것이 간절히 바
라던 전원생활의 첫 도전이었다. 하지만 그마저도 시행착오로 끝나
버렸다.

실패의 요인을 분석한 결과, 꿈꾸는 전원생활을 위해서는 전원주택
부지가 필요하다는 것을 깨달았다. 나에게 맞는 땅을 찾아 집을 지어
야 했다. 그렇게 무작정 나이가 들고 목돈이 쌓이기만 기다린 것이
아니라 미리 준비를 시작하자는 결심에 이르렀다.

그때부터 집을 짓기에 적합한 크기의 부지와 건축비를 알아보기 시작했다. 맨땅에 헤딩하듯 시작한 일이지만 매일 밤 자료를 조사하는 일은 나의 큰 즐거움이었다. 그리고 시간이 날 때마다 땅을 보러 다녔다. 혹시 저렴한 비용에 마음에 드는 땅을 구할 수 있다면 은퇴 이후를 봐서라도 미리 장만해두는 것이 좋겠다고 생각했다.

많은 사람들이 목돈을 모은 후에야 집을 지을 수 있다고 생각하는 것처럼 나 또한 마찬가지였다. 하지만 반대로 '목돈을 만들 때까지 기다리지 않고 은행 돈을 빌린다면 어떻게 될까?' 하는 궁금증이 생겼다. '지금 은행 돈을 빌려 집을 짓는 비용과 10년 후에 목돈을 마련해 집을 짓는 비용을 비교하면 어떻게 될까?' 절대적인 수치만 가지고 보수적으로 판단해보기로 했다.

현재 보유한 현금에 은행 대출을 더해 집을 짓는다면, 다음과 같이 '대출 이자와 보유 현금의 10년 치 기회비용'을 함께 반영해서 계산해야 한다.

현재 비용

+ 필요예산 : 토지+건축비=3억 원
+ 은행대출 : 1억 5천만 원
+ 이자비용 : 약 2천만 원(대출 이자 연 5%, 5년 만기)
+ 기회비용 : 약 5천만 원(투자금 1억 5천만 원의 2% 복리, 10년 이자 수익)
+ 총 비용 : 3억 7천만 원

하지만 10년 후에 집을 짓는다면 이야기가 달라진다. 당시 국가 조달청에서 발표한 물가상승률을 토대로 보수적으로 계산해보았다. 건축자재비가 연 1.7%씩 상승하는데 실제 유통과정을 감안하면 약 5% 상승하는 것으로 예상할 수 있다. 그뿐인가. 인건비, 토지 지가 모두 연 5% 상승한다고 가정하고 복리 개념으로 계산해보니 10년 후 토지 및 건축비는 최소 5억 원 정도로 예상되었다.

이 역시 보수적으로 줄여서 4억 5천만 원이라고 해보자. 이 금액을 현재 비용과 비교하기 위해서 10년의 기간을 넣고 현재가치로 환산하니, 결론은 놀라웠다. 지금 지어도, 10년 후에 지어도 현재가치로 3억 7천만 원이었다(가장 큰 변수만 고려한 계산이지만 얼추 맞을 것이다).

미래 비용

+ 필요예산 : 토지+건축비=3억 원

+ 자재값 상승 : 연 1.7%

+ 인건비 상승 : 연 5%

+ 토지 지가 상승 : 연 5%

+ 10년 후 물가 상승률 대비 필요예산 : 약 5억 원 소요

+ 현재가치 환원 : 4억 5천만 원 가정(금리 2%)

+ 총 비용 : 3억 7천만 원

그렇다면 바로 전원생활을 시작하는 경우 얻을 수 있는 것은 무엇이

더 있을까? 아들의 유년기에 다양한 체험으로 추억을 쌓으며 시간을 보낼 수 있었다. 이를 교육적, 경제적 가치로 따져보면 엄청난 이득이 될 것이 분명했다.

또한 전원주택은 나의 노후 대책이었으므로 미리 실행해서 손해볼 것이 없었다. 전원생활을 목표로 삼고 있었기 때문에 지금이 아니라도 10년, 20년 후에 목돈을 마련해 집을 지을 계획이었다. 당장 진행해도 손해가 없다고 한다면 지금 하는 것이 옳다는 판단에 이르렀다.

몇 달 후 집 짓기를 반대하던 아내마저 거부할 수 없는 절대적인 핑 곗거리가 생겼다. 마치 전원생활이 숙명이라는 생각이 들 정도로 강력한 이유, 바로 암이었다. 충격적이었다. 의사의 선고를 듣자마자 미친 사람처럼 울면서 술을 마셨다(그 와중에도 다시는 술을 못 마실 것을 대비해서 마지막을 화려하게 장식하기로 했다).

큰 수술을 받았고, 몇 달 후 체중은 발병 전보다 10킬로그램 가까이 줄었다. 병명은 암이었지만 다행히도 완치율이 높은 부위에 발병하여 처음부터 크게 걱정하지는 않았다. 다만, 건강을 이유로 전원생활을 미리 시작해야겠다는 핑계는 아내의 마음을 돌리기에 충분했다. 사실 아내도 알고 있었다. 건강은 단지 핑계일 뿐이었다는 것을(따지고 보면 바닷가에 전원주택을 짓는 것보다 술을 끊게 하는 것이 우선이었다).

결과적으로 건강은 완전히 회복되었고, 건축비나 지가 상승률은 예상보다 훨씬 더 높아졌다. 오히려 일찌감치 지은 덕분에 향후 비용을 절감했다고 믿고 스스로 만족하고 있다.

그렇게 시작된 전원생활 덕분에 나도 인생 2막을 새롭게 시작할 수 있었다. 새로 지은 집에서 열심히 땀을 흘리며 온갖 잡념들을 깨끗하게 지워나갔다. 지금은 한결 가벼워진 마음으로 계절을 따라 흘러가듯 지낸다.

전원생활로 이룬 것들은 이뿐만이 아니다. 소소한 전원생활의 일상을 담아보려 시작한 유튜브 활동은 나를 작은 어촌마을에서 더 큰 바다로 인도했다. 하는 일도 잘 되고, 전원생활을 주제로 한 책도 집필하게 되었다. 방송출연 요청도 이어지고, 주제 넘게 강연도 하게 되었다. 머릿속이 복잡해질 틈도 없이 오늘을 충실하게 살아내고 있다. 비로소 나는 만족하며 살고 있는 것이다.

꽃이 핀
전원주택
마당

산도 강도 아닌
바닷가여야만 했던 이유

처음부터 바다였다. 이제 막 말문이 트인 네 살짜리 아이에게 묻듯이 "산이 좋아? 바다가 좋아?" 하면 나는 망설임 없이 바다를 택했다. 바다가 좋은 이유? 바다가 좋은 이유를 떠올리는 것 자체가 바다에 대한 무례를 범하는 것 같아 답변하기 민망할 정도다. 그저 바다라서 좋을 뿐이다. 처음부터 다른 이유는 없었다.

많은 분들이 내게 바닷가에 집을 지은 이유를 묻는다. 그럴 때면 허세를 조금 보태서 이렇게 대답하곤 한다. 바다가 거기 있기 때문에 나의 집도 거기에 있는 것뿐이라고.

우연인지 운명인지 모르겠지만 군 생활 2년 6개월을 속초 대포항 근처 해안부대에서 바다를 보며 지냈다. 우스갯소리로 속초, 양양은 내 두 발로 다 걸어 다녔다고 할 정도로 지리에 밝았다. 목돈이 생기면 이 지역에 바다를 만끽할 수 있는 '주말주택'을 마련해야겠다는 계획도 이때 자연스럽게 세우게 되었다.

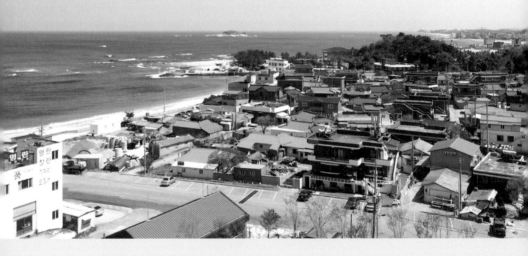

첫 번째
주말주택에서
내려다본
전경

1장. 나는 바닷가 전원주택에 산다

처음 주말주택을 알아볼 때는 전원주택을 제외시켰다. 한참 공격적인 투자 포지션을 취해야 하는 30대 초반에 환금성이 떨어지는 전원주택은 전혀 고려 대상이 아니었다. 명확하게 바다가 내려다보이는 저렴한 소형 아파트를 찾았다. 아파트여야만 매도 시 양도차익을 볼 수 있고, 관리가 편할 거라고 생각했다. 종종 우리 가족이 쓰지 않는 날은 지인들에게 저렴한 숙박료를 받고 빌려주기도 했다. 당시에는 좋은 전략이라고 생각했지만 그것이 전원생활에 대한 나의 첫 번째 시행착오였다.

차차 밝히겠지만 여러 가지 이유로 3년이 조금 못되어 아파트를 매수했던 가격 그대로 되팔았다. 그리고 전원생활에 대한 구체적인 계획이 다시 시작되었다. 물론 그때 팔았던 아파트 가격이 지금은 두 배가 뛰었다는 소식에 가끔 속이 쓰리기도 하지만, 덕분에 지금의 바닷가 전원주택을 만났으니 그것으로 애써 위안을 삼고 있다.

처음 전원주택의 부지를 알아본 지역도 당연히 속초, 양양, 고성 일대였다. 군 생활 덕분에 이쪽에 지리도 밝았고, 소형 아파트를 알아보고 매수해서 지낸 시간까지 고려하면 익숙한 선택이었다. 문제는 내 예산으로 그 지역 바닷가 근처는 언감생심 꿈도 못 꾼다는 것이었다.

이미 첫 번째 실패에서 뼈저리게 느낀 대로 나에겐 전원생활을 위한 넓은 부지가 필요했다. 하지만 이 지역은 땅값이 높아서 매물이 있어도 예산이 부족해서 보러 가시도 못했다.

'바다는 차로 다니면 되지' 하며 양양의 험준한 산속까지 알아봤지만 역시 가격이 만만치 않았다. 그 가격에 바닷가를 포기하면서까지 강원도 일대를 고수하고 싶지는 않았다.

결국 충남 바닷가를 목표로 잡고, 태안, 보령 일대를 중점적으로 뒤지기 시작했다. 시간도 많았고, 터를 보러 다니는 즐거움에 조급함 없이 찾아다닐 수 있었다. 인연을 기다린다는 생각으로 심사숙고한 끝에 충남 서천에서 나의 터를 만날 수 있었다. 오랜 시간 땅을 보며 개안된 나는 첫 만남부터 그 터와 사랑에 빠졌다. 물론 저렴한 가격이 가장 큰 매력이기도 했다.

**건축을
시작하다**

땅을 발견한 후 본격적으로 건축에 들어갔다. 집 짓기는 땅 찾기보다 더 힘든 난제였다.

나는 어렸을 때부터 주변의 건축 과정에서 서로 속고 속이는 치열한 현장을 많이 목격해왔다. 아파트로 이사하기 전까지 오랜 시간 단독 주택에서 생활했는데 주변 건축 지역에서 고성이 오가는 일이 허다했다. 짓다가 중간에 멈춘 공사현장도 다반사였고, 하자투성이 집들도 여러 번 보았다.

대부분 아는 사람들에게 건축을 맡긴 경우였다. 나도 주변에 건축업에 종사하는 지인들이 꽤 있었지만 처음부터 철저히 배제시켰다. 큰돈이 오가는 만큼, 싫은 소리도 당당하게 낼 수 있어야 한다고 생각했기 때문이다.

그렇다면 직영공사는 어떨까? 그때나 지금이나 전원주택 건축 관련 자료들을 찾다 보면 직영으로 공사하여 예산을 30% 이상 줄였다는 정보가 많은데, 이는 정확하지 않다고 생각한다.

직영공사는 말 그대로 건축주가 현장 관리인이 되어 직접 인부를 고용하고 자재를 공급해야 하는 시스템이다. 건축주에게 상당한 지식이 필요한 것은 물론이고, 최소 반 년 이상 건축에만 매달려야 한다. 그 시간 동안의 기회비용을 고려하면, 차라리 경험 많은 전문가에게 맡기는 것이 더 나을 수 있다.

물론 내가 은퇴 후에 시간적으로 여유가 있고, 내 집은 내가 직접 짓고 싶다는 확실한 목표가 있다면 직영이 정답이다. 하지만 예산을 크게 절약할 수 있다는 장점 하나만으로 접근하기엔 보다 많은 주의가 필요하다.

당시 30대였던 나는 경제활동으로 눈코 뜰 새 없이 바쁜 나날을 보내고 있었기 때문에 나에게 맞는 건축 시공사를 찾아야 했다. 결국 전국구 유명 브랜드 업체들 중에서 선택했다. 가격은 다소 비쌌지만 그만큼 건축주가 신경을 덜 쓰는 시스템으로 운영되었기 때문이다 (다시 언급하겠지만 유명 업체도 건축주가 신경 쓸 일이 꽤 있었다).

나름 인지도 높은 전원주택 시공업체 세 군데를 추렸고, 시공 후기를 비롯한 다양한 정보들을 수집했다. 그리고 수개월간 직접 집의 내외관을 디자인하고, 전원주택 모형을 스케치한 후 다른 샘플 사진을 첨부하여 견적을 의뢰했다.

돌이켜보면 의외로 정보가 많지 않았다. 유통된 정보들은 모두 업체들이 마케팅용으로 만든 자료들이었고, 시공 후기 또한 건축주가 직

접 쓴 것이 아닌 업체에서 인터뷰한 내용들뿐이었다. 업체의 단점에
관한 솔직한 리뷰는 찾아보기 힘들었고, 모두 장점만 내세우는 정보
들이었다.

어렵게 추린 시공사 세 군데 모두 국내 1위 타이틀을 내세웠고, 시공
단가도 큰 차이가 없었다. 하지만 다년간 은행에서 기업분석만 전문
적으로 하면서 쌓은 경험으로 마음에 드는 시공사를 정할 수 있었다.
어쩌면 통유리 너머로 보이는 상기된 얼굴의 직원들이 더운 공기를
내뿜으며 분주하게 움직이는 모습에 매료되었을지도 모른다. 경험
상 직원들의 열정적인 모습이 곧 그 회사의 현 상태를 단편적으로 보
여주기 때문이다.

한 업체와 계약을 했고, 전담 매니저가 배정되었다. 매니저는 늘 웃
고 있었지만 나는 그 웃음에 쉽게 마음을 놓지 않았다. 무조건 예스
를 외치는 사람치고 마무리가 깔끔한 사람은 별로 없었다.

설계가 끝나고, 허가가 떨어지고, 토목 공사가 시작되었다. 그때부터
매니저는 잘 웃지 않았고, 연락도 잘 되지 않았다. 아마 어디선가 새
로운 고객과 계약서를 놓고 웃음 짓고 있으리라 짐작했다.

다행히 능력 있는 현장 소장을 만났다. 현장 소장에겐 관대했으나 매
니저에게는 날을 세우며 건축을 지켜보았다. 특히 몇 번 술을 권했으
나 즐기지 않는다며 피하는 소장이 마음에 들었다.

건축 과정마다 건축주가 직접 결정해야 하는 일이 의외로 많았는데,
그때마다 현실적인 조언을 아끼지 않은 소장에게 고마움도 느꼈다.

최초 시안
전원주택

어느 순간부터 그러한 문제들은 소통의 창구라는 전담 매니저를 배제하고 진행하게 되었다.

시공 전에 토목 공사가 끝났음에도 불구하고 막상 건축을 시작하려니 사전 공사가 미흡해 추가적인 토목 작업이 필요했다. 일정상 어쩔 수 없이 토목 팀이 아닌 시공 팀에서 작업을 떠안아야 했다. 발생하는 추가 비용이 본사(유명 브랜드 업체)를 거치면 크게 늘어나기 때문에 현장 소장과 즉석에서 업자를 섭외해 저렴하게 처리했다.

계획대로 되지 않은 일은 이뿐만이 아니었다. 최초 시안에서는 2층 베란다를 개방형으로 설계했으나 막상 골조가 올라가고 보니 고려해야 할 문제들이 생겼다. 창이 없어서 바닷가에서 불어오는 찬바람이 그대로 들이치고, 비가 오면 방수 문제가 생길 수 있다는 것을 알게 되었다. 바로 마음을 바꿔 창을 달기로 했다.

브랜드 업체에서는 계약할 때 베란다와 방의 시공단가를 각기 다르게 책정한다. 베란다가 방의 1/2 비용이었다. 처음부터 2층에 창을 달고 방으로 설계했다면 두 배의 비용이 소요되었을 테지만, 공사 중에 현장 소장과 상의해 아는 업체에서 따로 창호만 추가했더니 그 비용을 크게 줄일 수 있었다.

데크의 평철 난간이나 창고의 건축 및 주차장 바닥 공사 등의 작업들도 처음에는 본사를 거치려 했는데 모두 취소하고 현장 소장과 상의하여 각각 공정에 맞는 업체를 직접 섭외해서 진행했다. 역시 비용을 줄이는 데 큰 몫을 했다.

하지만 모든 일이 순조롭지만은 않았다. 담당 매니저가 공사 중 설계 변경한 내용을 현장 소장에게 전달하지 않아 잘못 시공된 부분도 있었다. 데크의 크기와 지붕의 면적도 잘못 계산되어 비용이 추가 청구되는 등의 우여곡절도 많았다. 역시 집을 짓는다는 건 쉽지 않은 일이었다. 하지만 현장 소장과 함께 논의하며 하나씩 처리해가니 어느새 마무리 단계에 이르렀다.

전원주택의
건축 과정

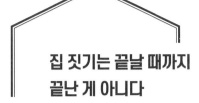

집 짓기는 끝날 때까지
끝난 게 아니다

우여곡절 끝에 공사가 끝나고 마침내 준공승인이 떨어졌다. 아직 잔
디도 깔지 않아 흙바닥이 그대로였지만 그 넓은 공간을 하나씩 채워
나가는 것은 새로운 즐거움이었다. 마당에 잔디가 깔리고 울타리와
대문이 설치되었다. 마당 한쪽에는 정자를 만드느라 군산의 옹벽 공
장에서 사온 옹벽용 시멘트 블록을 깔았다.

길가에 심어진 남천나무 밭을 발견하고는 밭주인을 찾아 거액을 주
고 남천나무 70그루를 사다 울타리 주변에 심었다. 심는 것보다 그
밭에서 파서 나르는 것이 몇 배는 더 힘들었다. 그걸 왜 그리 비싸게
주고 샀는지, 지금 생각해보면 참 한심할 노릇이다. 매실나무, 자두나
무, 대추나무, 감나무도 사다 심었다(찾아보면 어딘가에 아직은 살아 있을
것이다).

아이들과 첫 번째 텃밭을 만들어서 각종 채소의 씨도 뿌려보고, 옥수
수를 심어 수확하기도 했다. 물론 시행착오가 있었지만 결과에 상관

마당을
완성해나가는
모습

아이들과 만든
첫 번째 텃밭

1장. 나는 바닷가 전원주택에 산다

없이 내 손으로 가꿔가는 즐거움은 이루 말할 수 없이 컸다.

정자 아래에는 불터를 만들어놓았고, 마당에는 육중한 화덕과 야외 부엌도 갖춰놓았다. 통발도 5개나 있었고, 낚시 장비도 늘어갔다. 90만 원 가까이 하는 낚시용 패들보드는 구매했다가 50만 원에 팔기도 했고, 다시 2인승 바다 카약을 구매해 엔진까지 달았다.

전원생활도 어느덧 5년차가 되니 텅 비었던 창고는 발 디딜 틈 없이 꽉 차버렸고, 집안에는 노래방과 탁구대, 각종 게임기, 다트까지 온갖 오락용 기구들이 자리 잡았다. 동네 입구의 빨간 지붕 새 집은 어느새 색이 바랜 석양의 빛을 띄기 시작했다.

하지만 할 일은 끝나지 않았다. 텃밭을 더 늘려 다양한 채소들을 재배할 것이고, 지금까지 방치했던 과일나무에도 영양분을 듬뿍 주며 크게 키워 나갈 계획이다. 대나무 밭을 잘라 작은 온실도 만들고 싶고, 그 안에서 취미로 목공을 시작해볼 계획이다.

장독대도 만들어 항아리에 매실 엑기스도 담가 놓을 것이고, 기왕이면 막걸리를 직접 담글 장비도 구비하려고 한다. 언젠가 카약을 보내고 작은 배가 들어오면 배를 관리할 수 있는 공간을 따로 만들기 위해 토목공사도 새로 해야 한다. 마당 한편에 한쪽 면이 통유리로 된 3평짜리 황토 찜질방도 들여놓을 생각이다.

건축 시공이 끝난 전원주택에서 여전히 바쁘게 뚝딱 뚝딱 움직이는 나를 보며 많은 사람들이 의아해한다. 집을 지으면 역시 할 일이 많

고 귀찮아지는 건가 내심 걱정하시는 분들도 있다. 반은 맞고 반은
틀린 말이다. 건축은 5년 전에 끝이 났지만, '바닷가 전원생활'은 앞
으로 수십 년 동안 이어질 것이기 때문이다.

실패 없는 전원생활을 위해 필요하다면 오늘도 더 부산스럽게 움직
일 계획이다. 가만히 앉아서 창밖을 바라보며 노년을 보내기 위해 집
을 지은 것이 아니니까.

어른들의
놀이터 만들기

대부분 전원생활 하면 '휴식'을 먼저 떠올린다. 그래서 전원주택을 지을 때 야외에도 휴식을 위한 공간을 따로 만드는데, 대표적인 것이 바로 정자다. 굵은 소나무 기둥을 세우고 나무껍질로 지붕을 엮어 해를 가린 후, 나무 평상을 만들어 그 위에 누우면 그야말로 신선놀음이 따로 없다.

하지만 내가 추구하는 전원생활은 처음부터 휴식의 개념이 아니었다. 오히려 활기가 넘치는 어른 전용 놀이터를 만들고 싶었다. 아이들처럼 시간가는 줄 모르고 즐기며 웃을 수 있는 그런 공간 말이다.

이 어른 전용 놀이터에 빠질 수 없는 것이 바로 불장난을 위한 공간 아니겠는가? 그래서 전원주택이 완공되고 제일 먼저 만든 것이 바로 화덕과 불 터였다. 땅을 보러 다니기 전에 전원생활 콘텐츠를 짤 때부터 이 공간만큼은 꼭 제대로 만들고 싶었다. 다양한 외국의 사례를 찾아보고, 모닥불 터에 대한 국내 시공 사례도 열심히 뒤져보았다. 그런데 의외로 마음에 드는 형태의 불 터는 찾아볼 수 없었다. 모두 불 위에서 요리를 할 수 있는 형태가 아닌 주위에 둘러 앉아 불을 쬐는 구조였다. 게다가 지붕이 없어 비가 내리면 무용지물이었다. 아무리 찾아봐도 무언가 부족했다. 그래서 그냥 나만의 스타일로 새롭게 만들기로 했다.

일단 눈비를 막아줄 수 있는 지붕이 필요했다. 불을 다루는 공간이니 불연성 구조물이어야 했다. 그래서 철로 된 파이프를 연결해 만들려고 인터넷을 뒤지며 자료를 찾던 중 우연히 한 업체에서 만든 알루미늄 구조의 정자를 발견했다. 그냥 딱! 그거였다. 가격도 원목으로 된 정자보다 저렴했다. 비록 느낌은 차갑지만 불이 전혀 붙지 않는다는 점에서 마음에 들었다. 견적을 넣고 몇 주 후에 전원주택 앞마당에 붉은색 지붕의 정자가 설치되었다.

불 터의 바닥도 불이 붙지 않아야 하므로 보도블록용 벽돌을 수평으로 깔 생각이었다. 마침 가까운 군산의 금강하구에 시멘트 블록 공장이 있었는데, 거기에서 평평한 옹벽용 시멘트 블록을 생산하고 있어 바로 주문했다. 블록은 개당 무게가 20kg이 넘었는데 100장이 넘는 이 엄청난 무게의 블록을 혼자서 나를 자신이 없었다. 하는 수없이 순진한 후배들을 닭백숙으로 살살 꼬드겨 불러온 후에야 제대로 작업을 시작할 수 있었다.

그런데 바닥 설치 작업이 정말 쉽지 않았다. 처음엔 지게차로 잔디밭을 가로질러 블록을 운반할 계획이었다. 그런데 지게차가 블록 한 팔

레트를 들고 잔디밭에 들어서는 순간 바닥이 쑥 들어가며 우지끈 소리가 났다. 잔디밭 아래 물 빠짐이 좋도록 생선뼈 모양의 우수관을 묻어놓았는데 깨져버린 것이다.

첫 번째 팔레트는 어쩔 수 없이 내려놓고 갔으나, 두 번째는 내가 한사코 말렸다. 이미 잔디밭은 바퀴자국으로 푹 꺼져 있었고 내 마음도 푹 패여버렸기 때문이다. 그때부터 무거운 블록을 일일이 날랐다. 동생들이 블록을 나르면, 나는 흙을 고르고 수평을 맞추어 바닥에 깔았다.

다음 작업은 알루미늄 정자의 중심에 가마솥 아궁이를 만드는 것이었다. 앞서 네 번씩이나 화덕 만들기에 실패한 경험이 있어 그간의 시행착오를 바탕으로 꼼꼼하게 설계하여 완성했다. 직접 하다 보니 무엇 하나 만들려면 몇 주씩 소요됐다.

가마솥은 무쇠주물 솥을 사고 싶었으나 가격이 만만치 않았고, 산다고 해도 자주 사용하지 않을 경우 녹이 슬어 관리하기가 매우 어려웠다. 그렇다고 저렴한 알루미늄 솥을 사자니 건강에 좋지 않을 것 같아 망설여졌다. 그렇게 타협점을 찾은 것이 스테인리스 가마솥이었다. 가격도 무쇠 솥보다 저렴하고 관리가 편해 지금까지 매우 만족하며 사용하고 있다.

수년째 이 불 터에서 참 다양한 요리를 만들어 먹었다. 닭백숙부터 오리, 해산물, 돼지고기 수육까지…. 한 겨울이면 단돈 만 원에 물메기 두 마리를 사서 김치를 썰어 넣고 가마솥에 푹 끓여 먹는데 시원

불 터가
완성되는
과정

한 맛이 일품이다.

고기를 구울 때는 가마솥 대신 불판을 올려 굽고, 다양한 방법으로 바비큐를 즐길 수 있으니 이 철없는 아저씨가 만든 놀이터치곤 훌륭하다. 스스로에게 잘했다 칭찬해주고 싶을 정도다.

**불 터
사용팁**

+ 소방법상 설비를 갖추어 허용된 공간이 아닌 곳에서 함부로 불을 피워서는 안 된다. 쓰레기를 모아 소각하는 것도 모두 불법이다.
+ 일반 주거 지역인 전원주택에서 모닥불 터를 만들어 불을 쬐는 것도 법적인 문제가 될 수 있다. 하지만 취사용 아궁이는 허용되고 있으니 불 터를 만들 때 가마솥을 걸어놓고 사용하기를 권장한다.

한겨울에는 추위 때문에 정자에 천막을 두르는데, 아늑해서 꽤 쓸 만하다. 이 안에 환풍기를 설치하고 고기를 굽는다. 그리고 조용한 음악을 틀어놓고 오뎅탕도 끓여 술 한 잔 기울이면, 이곳이 어딘지 내가 누군지 모를 무아지경에 이른다. 보글보글 끓고 있는 솥을 바라보면 시간도 잊고 추위도 잊는다.

마침 천막 밖으로 겨울비라도 내리는 날이면 친막에 부딪치는 빗소리가 좋아서 정신줄마저 놓게 된다. 불 터에 앉아 불을 쬐며 전원주택을 바라보는 날이면 그동안의 고생이 헛되지 않게 느껴져 뿌듯해진다. 지금도 장작에 불을 지피고 고기를 굽는 것만큼 즐기며 하는 일도 없다.

다들 왜 정자 한가운데 눕지도 못하게 가마솥 아궁이를 만들어 놨느냐고 하지만, 모르는 소리다. 여기는 정자가 아니라 불 터이고, 가마솥 아궁이는 우리 집 놀이공원의 첫 번째 놀이기구다.

가마솥 아궁이
만들기

1. 시장의 그릇 가게에서 드럼통 아궁이를 구매해서 정자 중앙에 배치한다.

2. 6인치 시멘트 블록으로 모양을 잡아주고 고정시킨다.

3. 레미탈 반죽으로 안쪽을 채우고, 시멘트 블록의 구멍도 촘촘하게 메워준다.

4. 입구쪽에 화강암 상판을 얹고 레미탈로 전체 미장을 한 후 가마솥을 중앙에 설치한다.

5. 충분히 건조시킨 후 황토몰탈로 미장한 후 다시 건조시킨다.

6. 음식을 만들고 나면 아궁이의 남는 자리는 간이 식탁으로 활용한다.

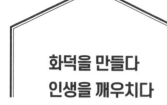

화덕을 만들다
인생을 깨우치다

지금까지 바닷가 전원주택에서 지내며 가장 잘한 일은 음식을 만들수 있는 화덕 만들기에 도전한 것이다. 무려 여섯 개나 만들었다. 그리고 앞으로도 최소 다섯 개는 더 만들지 않을까 예상하고 있다. 기존의 세 개는 과감하게 철거하여 다음 화덕의 재료로 사용했고, 한 개는 수풀에 묻혀 보이질 않아 철거를 미뤄둔 상태다. 그리고 다행히 목숨을 건진 시한부 가마솥 아궁이 화덕과 야심차게 만든 서양식 피자 화덕은 지금까지 아주 유용하게 사용하고 있다.

화덕 만들기는 집을 짓기 훨씬 이전부터 꼭 해보고 싶은 콘텐츠였다. 관련한 책도 여러 권 사서 읽었다. 적은 장작으로 고효율의 열기를 발산하는 아주 과학적인 화덕을 만들 수 있을 거라 자신하기도 했다. 그리고 연달아 네 번을 실패했다.

실패를
반복하며
화덕을
만들었다!

내가 겪은 시행착오

+ 한두 시간이면 만들 줄 알았는데 결국 두 달이 걸렸다.

+ 몇 천원이면 될 줄 알았는데 백만 원이 훌쩍 넘었다.

+ 시멘트가 만능인줄 알았는데, 화덕에는 좋은 재료가 아니었다.

+ 황토 반죽으로 만들면 단단하게 굳을 줄 알았는데, 황토는 굳어질수록 쉽게 부서졌다.

+ 장작에 불만 붙여도 금방 활활 타오를 줄 알았는데, 연기 때문에 눈물만 줄줄 흘러내렸다.

+ 한 번만 만들면 평생 쓸 줄 알았는데 여섯 개까지 만들었고, 일부는 새로 만들 예정이다.

+ 화덕 음식을 매일 먹을 줄 알았는데, 불내음 때문에 빨리 질려버렸다.

1차 화덕 | 2차 화덕
3차 화덕 | 4차 화덕
5차 화덕 | 6차 피자 화덕

내가 만든
화덕들

다양한
화덕 요리들

소고기 스테이크
통삼겹살 구이
이탈리안 피자

여러 번의 시행착오 끝에 재료의 성질을 알게 되니 재미가 붙기 시작했다. 특히 참나무 장작은 쌓는 모양만 달리 해도 마술처럼 불이 일어났다. 화덕은 불을 이해하는 것이 필수였다. 불을 제대로 쓰기 시작하자 음식의 맛을 해치는 불내음이 사라졌고, 요리에 자신이 붙었다. 가장 큰 깨달음은 화덕에 대한 정보가 아니라 나 자신에 대한 것이었다. 여러 번 만들고 사용하며 실패를 반복하다 보니, 내 성격이 생각보다 조급하지도, 덜렁대지도 않는다는 것을 알게 되었다. 내 몸은 빠르지도 능숙하지도 않지만 그렇다고 게으른 것도 아니었다.

땀 흘리며 화덕 만들기에 집중하다 보니 밥 한 끼 굶는 건 아무렇지도 않았다. 노력하면 해낼 수 있다는 성취감에 행복했다. 나는 화덕을 만들었을 뿐인데 그동안 알지 못했던 내 성격에 대해, 내 몸에 대해, 전원생활에 대해, 그리고 인생에 대해 조금씩 알아가게 되었다.

마지막 여섯 번째 화덕은 무아지경 속에서 두 달 간 몰입한 후에야 어렵게 완성되었다. 마지막 서양식 피자 화덕을 본 유튜브 구독자들의 반응은 대단했다.

> "인내의 화신."
> "인간 승리!"
> "부지런한 케이맨"
> "금손!"
> "대단한 실력자."

모두 실제의 나와는 거리가 먼 표현들인데, 왠지 영상 속의 주인공은 저런 찬사를 받아도 될 것 같은 기분이 들었다. 부끄럽지만, 스스로에게 잘했다 잘했어, 하며 홀로 술잔을 들어 축하 파티도 했다.

생각해보면 이런 활동들이 피곤한 육체 노동으로 보일 수 있지만 나는 온전히 즐기며 몰입하고 있다. 그리고 그게 바로 전원생활의 진정한 묘미라는 것을 깨달았다. 아래와 같이 나의 노력을 즐겁게 바라봐주는 사람들의 반응 또한 나를 더 움직이게 만든다.

> "바보, 피자는 시켜 먹는 게 최고."
> "다음엔 연못을 파주세요."
> "땅굴도 만들어주세요."
> "개고생 프로젝트 계속 해주세요."
> "역시 케이맨님 영상의 백미는 이거거든."
> "남이 고생하는 것 보는 게 이렇게 즐거울 줄이야."
> "1년 후 여러분은 황토방을 직접 만들고 있는 케이맨을 보게 될 것입니다."

마지막으로
만든
서양식
피자 화덕

서양식
피자 화덕
만들기

1. 실제 치수로 정확하게 설계한다.

2. 목재로 기초 틀을 만든다.

3. 비닐과 매시 철망을 넣은 후 래미탈 반 죽을 채운다.

4. 6인치 시멘트 블록으로 기단을 쌓는다.

5. 화강암 석판으로 상단을 만든다.

6. 돔 모양의 나무 틀을 미리 만들어둔다.

7. 벽돌 망치로 내화벽돌을 자른다.

8. 내화 몰탈 반죽으로 내화벽돌을 쌓는다.

9. 돔 모양을 만들고 고무망치로 계속 두 드린다.

10. 황토 몰탈로 전체를 미장한다.

11. 세라크울로 전체 외단열 작업을 해준 다.

12. 매시 철망으로 세라크울을 고정시킨 다.

13. 래미탈로 전체 미장을 해준다.

14. 수성 페인트로 돔 부분을 칠한다.

15. 내열 페인트로 앞면과 굴뚝을 칠한다.

16. 기단 부분에 타일을 붙인다.

17. 장작을 패서 넣고 소화기를 비치한다.

육식 요리의
달인이 되는 그 날까지!

나는 전원생활 덕분에 놀라운 재능을 발견했다. 요리다. 그것도 고기 요리다. 정확히 표현하자면 고기를 맛있게 굽고 음식을 만드는 과정을 즐기는 나 자신을 발견했다. 이러다가 언젠가는 '고든램지' 부럽지 않은 셰프가 될 수도 있을 것 같다.

각종 야외 바비큐 요리 역시 처음부터 나의 주요한 전원생활 콘텐츠였다. 유튜브를 시작하기 전부터 각종 육해공 재료를 가지고 다양한 구이를 시도해보았다. 물론 모두 실패였지만 말이다.

큰 토종닭을 직화로 굽는다고 나서서 겉은 숯처럼 까맣게 타고, 안에는 선홍색 생살이 그대로인 물체도 만들어보았고, 비싼 생우럭을 대나무에 꽂아 구우며 야생인 흉내를 내다 비려서 버린 적도 있었다. 삼겹살을 구우면 불에 기름을 붓는 것처럼 활활 타오르기 일쑤였고, 가마솥 백숙을 한다고 3시간을 장작불로 끓였더니 졸아서 눌러 붙기도 했다. 어떤 날은 가마솥에 물을 부어가며 닭을 끓였더니 그대로

즐거움을
선사하는
다양한 구이
요리들

죽이 되어 녹아버린 적도 있었다.

하지만 실패가 거듭될수록 성과도 있었다. 모든 실패 요인이 바로 불 조절 때문이라는 것을 알게 됐다. 불의 성질을 이해하게 되자 이를 응용해 축열 기능을 극대화시킨 화덕을 만들 수 있었다.

그러자 요리의 실패는 차츰 줄어들었다. 불이 수그러들 때까지 기다리는 인내가 생겼고, 온도계가 없이도 화덕 안의 그을음 색깔만으로도 대충 온도를 가늠할 수 있게 되었다.

이렇게 실패를 거듭하면서도 계속 도전하는 이유는 내가 요리 자체를 즐기고 있기 때문이다. 고기를 굽는 게 즐겁다. 돼지고기를 구우면 다음엔 소고기를 굽고 싶고, 소고기를 구우면 다음엔 양고기를 굽고 싶어진다. 흑염소를 화덕으로 구우면 어떤 맛일까 궁금하기도 하고, 아직 맛보지 못한 말고기는 어떻게 구워볼까 구상부터 하게 된다.

내가 구운 고기가 예상보다 맛있을 때 짜릿한 쾌감까지 느껴진다. 그 순간을 공유할 누군가와 함께라면 그저 행복할 뿐이다. 일만 하며 달려온 내가 이런 즐거움을 깨달을 줄이야… 전원생활은 나에게 늘 예상치 못한 즐거움을 선사한다.

놀다 죽을 뻔한
이야기

날이 좋고 물때가 맞으면 나는 바다로 향하곤 한다. 조개도 캐고 통발도 던지고 낚시도 하고 해수욕도 즐긴다. 서해바다는 언제나 나에게 웃음을 주었다.

가끔 물살이 빠른 날 서해의 탁한 물빛을 보고 물이 더럽다고 하는 사람들이 있는데 전혀 그렇지 않다. 15일 주기로 매일매일 물살의 속도가 다른데, 유속이 빠른 날이면 갯벌의 바닥이 뒤집혀 탁한 색을 띠지만 유속이 느린 날에는 동해나 남해와 마찬가지로 에메랄드와 같이 영롱한 빛을 발한다.

내가 바다에서 즐기는 놀이 중 최고봉은 카약 타기다. 망망대해에 혼자 있는 것은 무서워 2인용 고형카약을 구매했다. 사실 카약을 차에 싣고 이것저것 장비를 부착해서 바다에 띄우는 일, 다시 바다에서 카약을 건져 올려 집에서 씻고 말리는 것은 보통 일이 아니다.

하지만 바다에서 패들링하는 환상적인 기분만큼은 모든 고생의 보상으로 삼기에 충분하다. 게다가 가을철에 카약을 타고 잡아 올린 주꾸미, 갑오징어는 철없는 아저씨의 영웅담으로 밤새 반복해도 질리지 않는 소재가 되곤 한다.

그 날도 바람 한 점 없는 맑은 날이었다. 친구와 난 광어 시즌을 맞아 수십만 원을 들여 낚시 장비를 업그레이드시켰다. 카약을 바다에 띄우며 오늘의 안줏거리만 잡으면 욕심 부리지 말고 돌아오자는 다짐도 했다. 포인트는 답사를 다녀온 곳이었고, 친구와는 이미 여러 차례 함께 세일링하며 호흡을 맞춰놓은 상태라 모든 것이 완벽하다고 생각했다.

바다에 오르자 바람이 불기 시작했으나 자연산 광어를 향한 욕망의 불꽃을 사그라뜨리기엔 역부족이었다. 약 한 시간의 패들링으로 포인트 가까이 접근했는데 목표로 한 바위섬이 보이자 상황이 급변하기 시작했다. 경험해보지 못한 이상한 물살, 거친 바람, 그리고 하얀 포말을 뒤집어쓴 파도…. 그래도 남자는 파이팅이다, 전진하자!

마침내 목적지인 바위섬 근처에 도착했고, 결국 카약이 뒤집어졌다. 이해할 수 없었다. 구명조끼를 믿고 호기롭게 카약에 다시 올라탔지만 마찬가지였다. 파도는 약해졌으나 물이 돌고 있었다.

카약을 똑바로 뒤집고 내가 먼저 카약에 올라탄 후 친구를 끌어 올리려 힘을 주자 다시 뒤집혔다. 그제야 나는 위험을 인지했다. 정신이 없었다. 나 때문에 사고라도 당하면 이 친구의 불쌍한 영혼은 억울해서 어찌하랴!

세 번째, 네 번째 시도 모두 마찬가지였다. 절망적이었다. 몇 번의 시도 끝에 카약에 올라 숨을 고르고 친구를 끌어 올렸다. 마침내 친구까지 카약에 올랐다. 주변을 보니 우리는 작은 바위섬과 육지 사이의 좁은 협곡에 들어와 있었고 물살은 빠르게 소용돌이처럼 돌고 있었다. 다행히 패들 두 개는 카약에 줄로 연결해놓아 그대로였다. 패들을 쥐고 하나둘, 하나둘, 소리를 내며 그곳을 빠져 나가려 애썼다.

하지만 아무리 패들링을 해도 제자리걸음이었다. 무서웠다. 육지까지의 거리는 50미터도 채 안 되었으니 배가 또 뒤집어지면 배를 버리고 수영을 해야겠다고 생각했다.

정신없이 패들링을 한 지 얼마나 지났는지 모를 때쯤 간신히 그곳을 빠져나올 수 있었다. 그리고 깨달았다. 모두 잃어버렸다는 것을. 수십만 원어치 낚시 장비들은 그대로 수장되었다. 그래도 살아서 다행이었다. 바람이 세지고 파도는 계속 높아졌지만 우리는 다시 항구로 돌아왔고, 생환의 기쁨을 안주 삼아 낮술에 잠겨 뻗어버렸다.

얼마 후 다시 카약의 안정성을 보완하기 위해 예산을 집행하기로 결정했다. 슈퍼 파워 업그레이드만이 답이라 생각했다. 이번만큼은 절대 뒤집어지지 않도록 튼튼한 보조배를 달기로 했다. 기왕에 보완 장비를 구비하는 김에 거금을 들여 2.5마력의 작은 엔진도 마련했다. 5마력 이상은 조종 면허가 필요한데 카약에는 2.5마력의 작은 엔진으로도 충분했다.

복수다, 바다야! 너는 나를 잘못 건드렸다. 다음부터 다시는 그런 치

욕을 겪지 않으리. 잠자고 있던 호승심은 어느 새 다시 활활 타올랐다. 그리고 마침내 결전의 날이 왔다. 마침 기다리던 주꾸미 금어기가 풀리는 첫날이었다. 전국의 수많은 강태공들이 새벽부터 바다로 몰려왔고, 이미 온갖 종류의 배들이 잔뜩 떠 있었다.

엔진 조종은 처음이었지만 금세 적응했고, 패들링을 하지 않아도 쭉쭉 앞으로 나아가는 느낌은 역시 최고였다. 좌우로 튼튼한 보조배가 잡아주기 때문에 전복할 걱정도 없었다. 높은 파도를 뛰어 넘으며 물살을 가르니 최고급 요트도 부럽지 않았다.

하지만 주꾸미가 한 마리도 잡히질 않았다. 우리뿐만 아니라 그 바다 전체의 강태공들에게도 어신을 접했다는 소식이 들리지 않았다. 포인트를 찾아 더 멀리 가기로 했다. 그런데 이동 중에 조종이 잘 되지 않음을 느꼈다. 배가 흔들리는 느낌. 무언가 조종을 방해하는, 불안한, 그때 그 느낌….

아뿔싸, 엔진이 달린 쪽의 보조 배가 결속이 풀려 간신히 배 끝에 덜렁덜렁 매달려 있었다. 그 순간 위험을 직감한 나는 재빨리 손을 뻗어 막 떨어져나가려는 보조 배를 두 손으로 잡았다. 몇 초만 늦었어도 보조 배가 분리되고 엔진의 무게로 배가 뒤집히는 사고를 당할 수 있는 찰나였다. 만약 배가 뒤집혔다면 엔진의 무게 때문에 다시는 카약을 위로 돌릴 수도 없었을 것이다.

하지만 간신히 잡고 있는 보조 배는 계속 덜렁거리고 있었고, 내가 손을 놓으면 떨어져나갈 참이었다. 어떻게든 다시 결속시키려 했지만 흔들리는 파도 위에서는 도저히 작은 구멍을 맞출 수가 없었다. 설상가상으로 보조 배를 결속하려고 애쓰는 동안 멀미가 왔다. 태어나서 지금까지 뱃멀미를 한 것은 처음이었다. 머리가 어지럽고 속이 울렁거렸다. 눈에 초점을 맞추기 어려울 정도였다.

친구에게 육지를 향해 노를 젓게 하고 나는 팔을 뻗어 보조 배를 잡고 버텼다. 다행히 갯바위가 눈앞에 있었고, 그 위에 발을 딛고 내리면 보조 배를 손볼 수 있을 것 같았다.

하지만 갯바위에 접안을 시도하자마자 그게 얼마나 위험한 행동인지 깨달았다. 갯바위는 온통 따개비와 굴 껍데기로 덮여 있었고, 파도가 심해 중심을 잡기가 더욱 어려웠다. 그래도 안간힘을 써서 갯바위에 발을 올리는 순간 발을 헛디뎌 넘어졌다. 결국 온몸은 칼날같이 날카로운 굴 껍데기에 찔리고 긁혀서 피투성이가 되었고, 이러다 카약까지 부서지겠다는 공포까지 엄습했다.

여기서 죽겠다 싶어 일단 카약에 올라타서 다시 보조 배를 움켜잡았다. 친구에게 어서 빨리 패들링해서 탈출하라며 고함을 질렀다. 그 와중에 놀랍게도 멀미는 사라졌다. 그제야 살 것 같았다.

정말 간신히 빠져나왔다. 파도가 치는 갯바위 접안이 이렇게 위험할 줄이야… 당연히 낚시는 포기했다. 가지고 있던 끈으로 보조 배 결속부위를 묶고 또 묶었고, 그래도 불안해 허리를 돌려 손으로 잡았다. 친구는 열심히 패들링을 했고 우리는 그렇게 두 번째 생환에 성공했다.

그날 이후 나의 호승심은 사라졌다. 더 큰 배를 알아볼까 고민도 했지만, 이내 현실을 받아들이기로 했다. 보조 배 결속 부위는 땜질로 영구 고정하면 될 일이었다. 그냥 나의 실패를 인정했다. 바다는 무서운 존재였다. 두려움은 오래갔고, 주꾸미 금어기가 풀린 2018년 9월 1일이 그해 나의 마지막 출조일이 되었다.

이 두 번의 죽을 뻔한 고생담도 모두 영상으로 남기려고 애썼지만 결정적 위기의 순간에는 카메라 ON 스위치를 누르지 못했다. 그래도 아래와 같이 소중한 댓글로 응원을 해주신 분들께 얼마나 고마운지 모르겠다. 성원에 보답하고자 유튜브 〈바닷가 전원주택〉 채널이 언젠가는 낚시의 성지가 되도록 계속 도전할 것이다.

> **"낚시 꽝 치는 걸 보러 왔습니다. 암이 다 나았습니다."**
> **"고생하셨지만 저는 재미있습니다."**
> **"이런 말씀 죄송하지만, 케이맨님은 실패해야 더 재밌어요."**
> **"여기가 낚시를 못한다는 그 성지인가요?"**

바다에서
죽을 뻔한
순간

내가 이 맛에
바닷가에 집을 지었지!

바다를 즐기는 방법에는 세 가지가 있다. 바다를 직접 체험하는 것, 바다를 감상하는 것, 그리고 바다의 맛을 느끼는 것.

6월의 어느 따뜻한 날이었다. 모든 일들이 그렇듯, 계획하지 않은 일이 더 재밌고 추억이 되는 법! 바다를 제대로 만끽했던 그날을 난 잊을 수가 없다.

그날따라 바다는 평온했고 카약 세일링을 하기에 최적의 날씨였다. 사실 카약을 타는 게 목적이 아니라 당연히 자연산 회로 안줏거리를 마련하는 것이 목적이었다. 언제나 그랬듯 '이번에는 만선으로 돌아오리' '기필코 대어를 낚아 올리겠어' 하며 쓸데없는 기대감에 밤잠을 설쳤으니…. 아마 전국의 강태공들이 같은 이유로, 낚시 가기 전날 잠 못 이룬다고 보면 틀림이 없다.

오전 9시, 드디어 세팅이 끝나고 집 근처 홍원항 슬로프에서 카약을 띄웠다. 항구와 멀어질수록 바다는 초록에서 청록으로 변해갔다. 희

한한 기분이었다. 분명 입질조차 없는 여느 날과 같을 뿐이었다. 평
소 같았으면 제발 한 마리라도 잡혀라, 하며 초조해했을 테지만 그날
은 이상하게 낚시에 대한 열망이 점점 사그라드는 기분이었다.

어떤 기대도 없이 바다 위에 가만히 머물러 있는 기분은 뭐라 설명할
수 없이 행복했다. 카약 위를 지나치는 작은 물살을 그대로 느끼고 있
으니 바다와 우리가 하나로 연결된 것 같았다.

고기를 못 잡으면 두어 시간 있다가 돌아올 계획이었다. 그런데 어느
새 이대로도 좋으니 계속 바다에 떠 있고 싶어졌다. 그 바다 위에서
우리는 오래도록 추억을 나눴고, 서로의 인생에 대해 이야기했다.

북쪽으로 밀어 올리는 조류로 인해 출발지와는 점점 더 멀어졌지만,
두렵지도, 흥분되지도 않았다. 그저 편안했다. 평소 같았으면 만성적

인 허리 통증으로 소리를 지를 때가 됐는데두 아무렇지 않았다. 통증도 이길 만큼 강한 힘이 느껴졌다.

그렇게 우리는 장장 6시간 동안 노를 저으며 14킬로미터를 항해했다. 항구로 돌아왔을 때도 전혀 피곤함을 느끼지 못했다. 작은 카약 위에서 온전하게 느낀 바다는 신비로움 그 자체였다.

집에 돌아오자마자 바닷물이 마를세라 수돗가에서 장비를 세척하고, 오후 4시가 되어 우리는 또 자전거에 올라탔다.

"이렇게 끝낼 수는 없지. 다시 바다로 가자."

이쯤이면 저질 체력에 기절할 법도 한데, 알 수 없는 힘이 나를 또 바다로 이끌었다. 하루 종일 바다 위에 떠 있었건만 한 번 더 바다를 만끽하고 싶었다. 바다에서는 상체를 썼으니 이번에는 아직 살아 있는 하체를 써보자.

그렇게 우리는 해안 길을 따라 자전거를 탔고, 오른쪽으로 펼쳐진 물 빠진 갯벌은 그야말로 장관이었다. 평생 쓸 법한 감탄사를 모두 토해내며 페달을 굴렸고, 장관이 펼쳐질 때마다 가다 서다를 반복하며 사진을 찍었다.

자전거가 앞으로 나아갈수록 바다는 뒤로 물러났고, 갯벌은 넓어졌다. 울렁이는 바다 위에서도 평온함을 느꼈지만, 우리는 평온한 땅 위에서 비로소 흥분하기 시작했다. 감탄사는 환호성으로 바뀌었고 목이 터져라 소리를 지르며 해안 길의 끝을 향해 달려갔다.

바다를 체험하고, 바다가 연출한 장관도 즐겼으니, 이제는 그 맛을 볼 차례. 마침내 해안 길 맨 끝에 있는 식당 앞에서 자전거를 멈추고, 푸짐한 조개찜을 주문했다. 바닷가 옆에 테이블이 있었고, 그 위에 조개찜이 있었다. 더 이상 그 무엇이 필요하랴!

큰 감동을 여러 차례 느끼다 보면 어느 새 무뎌지기 마련이다. 사람이 느끼는 감동의 한계효용은 배가 불러오면 식욕이 떨어지는 것처럼 줄어드는 법이니까.

하지만 이 날의 피날레는 따로 있었다. 집에 돌아오는 길에 만난 아름다운 일몰! 저 멀리 태양이 우리 집 지붕 위로 내려앉는 모습이 보였는데, 탄성조차 낼 수 없을 정도로 먹먹함이 밀려왔다. 그렇게 서서 한참을 지켜보다가 나도 모르게 중얼거렸다.

"아… 정말이지, 내가 이 맛에 바닷가에 전원주택을 지었지!"

바다를
온전히
누린 날의
기억

카약 장비 정리
조개찜 먹기
일몰 감상

왁자지껄 우글우글
북적대는 전원생활

누구나 꿈꾸는 전원생활의 단편적인 모습이 있다. 청록의 계절, 문 밖의 진한 풀내음으로 눈을 뜨는 아침. 직접 기른 이슬 맞은 채소로 밥을 해먹고, 한 손엔 드립 커피 한 잔을 들고 유유자적 테라스를 거 닌다. 낮에는 나무에서 갓 따온 싱그러운 과일을 손질하고, 별빛 찬 란한 밤이 되면 막대기 하나로 모닥불을 휘휘 저으며 가족들과 오손 도손 이야기꽃을 피운다. 전원생활 하면 떠오르는 이미지가 모두 이 와 같지 않을까?

하지만 막상 전원생활을 해보니 나와 맞는 것은 따로 있었다. 나는 사람들이 모여 왁자지껄 떠들며 북적거리는 일에 더 큰 재미를 느끼 는 사람이었다. 기껏 번잡하고 시끄러운 도시를 떠나 한적한 전원주 택으로 왔는데, 사람들과 부대끼는 것에 더 큰 재미를 느낀다니 놀랍 지 않은가?

하지만 내가 깨달은 전원생활의 백미는 '함께하는 것'이다. 혼자일 때 의 행복이 얼굴을 스치는 기분 좋은 산들바람이라면 함께일 때의 행복은 아궁이 군불처럼 오래도록 이어지는 따뜻함이라고 할 수 있다. 해를 거듭할수록 모였을 때 즐거움이 배가 된다는 사실을 발견했다.

나에게 전원생활을 하며 지금껏 가장 즐거웠던 하루를 꼽으라면, '김장과 막걸리 20병'이란 제목의 영상을 촬영한 날일 것이다. 그냥 여느 날과 다름없이 지인들을 초대하여 그저 먹고 마시기로 한 하루였을 뿐이었다. 아이들은 시끄럽게 소리치며 뛰어다녔고, 어른들은 서툰 손길로 김장 양념을 옷에 묻히며 웃고 떠들었다. 20년 가까이 이어진 모임이었는데도 유독 이 날만큼은 오래도록 행복했다.

함께 모여
김장하던 날

갑자기 내린 함박눈도 한몫했다. 너른 잔디밭은 금세 눈썰매장이 되었다. 아이들의 고함인지 어른들의 감탄소리인지, 바깥은 시끌벅적 정신없었지만 그 순간만큼은 정말 아름다웠다. 함께 땀 흘리고 함께 음악을 들으며 함께 웃는 것이 이토록 소중하다니! 내가 추구하는 전원생활이 바로 이런 모습이었다는 것을 깨달은 날이었다.

물론 사람마다 취향이 다르고 삶의 방식도 천차만별이지만, 세상과 단절한 채 자연만 고집하는 전원생활은 결코 오래 지속되기 어렵다. 전원생활에 관한 정보들을 보면 모두 '최소한'에 초점이 맞춰져 있다. 집은 부부가 함께할 방 한 칸이면 충분하다거나, 손님 치르는 비용을 걱정하여 가급적 조용히 지낼 것을 추천하는 식이다. 오직 관리의 편리성을 기준으로 한 정보들이 지배적이다.
하지만 전원생활은 자연을 통해 세상과 함께하는 것이다. 그러기 위해서는 지인들과 '함께' 즐거움을 공유할 수 있도록 공간과 마음을 미리 안배를 해둘 것을 당부하고 싶다.

마당에서
눈사람
만들기

'혼자'가 아닌
'함께' 모여
북적대는
전원생활

텃밭 가꾸기도
내 맘대로!

집을 짓고 마당 정리가 끝나자 텃밭을 가꾸어야겠다는 생각이 들었다. 누구나 그렇듯이 나도 유기농 채소로 건강한 식탁을 만들기 위해 처음부터 텃밭에 욕심을 냈다. 그런데 막상 해보니 힘만 들고 영 재미가 없었다. 서점에서 가장 두꺼워 보이는 '텃밭 가꾸기'에 관한 책을 두 권이나 사서 보았는데, 책의 무게만큼 괜히 마음의 부담만 커졌다. 첫 해에는 땅에 씨앗을 심기만 하면 싱그러운 유기농 채소가 나오는 줄 알았는데, 제일 먼저 솟아 오른 것은 온통 잡초들뿐이었다. 두 번째 해에는 척박한 땅에서도 잘 자란다는 옥수수를 심어 길렀는데, 다른 동물들이 모두 가로챘다.

이쯤 되니 텃밭이 부담스러웠다. 하기 싫은데 억지로 해야 하는 숙제를 떠안고 있는 기분이었다.

'내가 왜 굳이 텃밭을 가꾸려고 하지?'

'텃밭 가꾸기가 내가 원하는 전원생활 콘텐츠인가?'

세번 째 봄이 오자 텃밭을 온통 까만 제초매트로 덮어버렸다. 당분

간 텃밭은 없다! 내 마음이 동할 때까지 움직이지 않으리. 까만 제초 매트로 텃밭을 덮고 그 안에는 감나무 묘목을 잔뜩 사다 심어놓았다. 그러자 이내 마음의 평화가 찾아왔다. 그리고 한동안 이 까만색 텃밭을 까맣게 잊고 지냈다.

돌이켜보면 나는 처음부터 작물에 흥미도 없었고, 흙에 대해 관심도 없었다. 심지어 제대로 배우려 하지도 않았다. 그냥 남들이 하니까 당연히 해야 하는 것으로 여겼다. 수확의 기쁨만을 생각했을 뿐 그 과정은 간단하게만 여겼다. 자연을 만만하게 보았고, 농부들의 땀을 가볍게 생각했다.

내가 3년 차에도 계속해서 텃밭을 고집했더라면 아마 큰 스트레스를 받아 전원생활의 즐거움을 날려버렸을 것이다. 내가 추구하는 전원생활은 과정 또한 즐기는 것인데 재밌지도 않은 텃밭 가꾸기를 중간에 멈춘 것은 그나마 잘한 선택이었다.

하지만 계절이 몇 번 지나고 검은색의 제초 매트가 햇빛에 바래 회색이 되어가니 내 마음도 움직이기 시작했다. 차츰 흙에 대해 관심이 생겼고, 작물을 길러보고 싶은 마음이 꿈틀거렸다. 겨우내 머릿속은 텃밭 가꾸기로 채워졌고, 알 수 없는 자신감까지 생기는 것을 보니 이제야 때가 온 듯했다. 결심을 했으니 이제 저 검은색 매트는 초록색으로 바뀔 것이고, 내 땀이 거름이 되어 싱그러운 채소들이 해마다 내 밥상을 채울 것이다.

쿠바식
상자형
텃밭

최근에는 관리가 편한 쿠바식 텃밭을 만들어서 가꾸기 시작했다.

**쿠바식
텃밭이란?**

+ 쿠바에서 노동력을 절감하기 위해 만든 상자형 텃밭
이다.

+ 경계가 명확하고 토양이 항상 푹신해서 밭을 갈아줄
필요가 없다.

+ 토양 유실이 적고 수분 함유량이 높아 텃밭을 유기농
농법으로 가꾸기 좋다.

전원생활은 이래서 좋은 것 같다. 마음 가는 대로 그냥 따라 가면 되
니 까. 남들 눈치 보지 않고 내가 하고 싶은 대로, 천천히 가도 괜찮
다. 전원생활을 준비하는 나와 같은 초보들에게 꼭 말해주고 싶다.

"하기 싫으면 하지 마세요."

세상에 억지로 해야 하는 것들 투성인데, 전원생활만큼은 그저 즐기
며 재밌게 하라고 말이다. 평생을 즐기는 장기적인 프로젝트인 만큼,
처음부터 지치면 안 된다. 부담 없이 그저 마음 가는 대로 해보자. 하
고 싶을 때 하고, 하고 싶지 않으면 멈추는 것. 오직 전원생활에서만
느낄 수 있는 기쁨이다.

전원생활은
콘텐츠가
먼저다

전원생활이란?

30대 후반부터 전원생활을 시작한 나는 시간만 나면 열심히 시골에 가서 놀고 있다. 그런데 전원주택을 지어 주말마다 놀러간다고 하면 다들 호사스러운 여가생활로 여겨 시선이 따가울 지경이다. 수십 년 전 모두가 시골 주택에 살 때는 도시 아파트에 사는 사람들이 대단해 보였는데, 이제는 상황이 바뀌었나 보다.

게다가 왜 그리 많은 사람들이 해보지도 않았으면서 전원생활의 실패를 미리 예측하는지 모르겠다. 이래서 안 될 거야, 저래서 안 될 거야, 하며 열심히 충고한다.

세상이 달라져 기술도 사람도 모두 다 바뀌었는데, 왜 전원생활에 관한 인식은 여전히 그대로일까? 물론 처음 전원생활을 꿈꾸고 준비를 시작했던 10년 전과 비교해 정보의 양은 늘었다. 그럼에도 불구하고 변화된 세상에 맞춰 업데이트된 정보들은 도무지 찾을 수가 없다. 유튜브에 영상을 올릴 때마다 전원생활에 관해 많은 문의를 받고 있는데, 무엇을 어떻게 시작해야 할지 모르겠다고 호소하는 모습이 안타깝다. 잘못된 정보의 홍수 속에서 출발점이 어딘지 아무도 모르고 있는 것이다. 모두들 핵심을 놓치고 있기 때문이다.

한 가지 질문을 해보겠다. 다음의 다섯 가지 보기 중 올바른 전원생활이라고 생각되는 것은 무엇일까?

문제

+ 1번 : 한적한 시골에 넓은 부지의 땅을 사서 멋지게 전원주택을 지었지만, 바쁜 생계 활동으로 전원주택에서는 잠만 자고 있다.
+ 2번 : 대도시 안에 위치한 단독주택에 살며 5평짜리 마당에서 쌈 채소를 기르고 가끔 야외에서 바비큐도 해먹고 있다.
+ 3번 : 시골에 위치한 아파트에 살며 걸어서 20분 거리에 넓은 정원을 마련해 텃밭을 가꾸고 각종 취미생활을 즐기고 있다.
+ 4번 : 대도시 아파트에 살며 차로 20분 거리에 넓은 정원을 마련해 텃밭을 가꾸고 각종 취미생활을 즐기고 있다.
+ 5번 : 모두 전원생활이 아니다.

정답은 몇 번인가? 만약 당신이 이 질문에 명확한 답변을 하지 못한다면 전원생활 준비는 처음부터 다시 시작해야 할 것이다.

국어사전에 의하면 전원생활이란 '도시를 떠나 전원에서 한가하게 지내는 생활'을 말한다. 하지만 나는 조금 다른 이야기를 해보려고 한다.

전원생활의 핵심적인 단어를 들자면 첫 번째가 자연(自然)이고, 두 번째는 유희(遊戲)다. 즉, '자연을 벗 삼아 즐기는 것'이 바로 전원생활이란 뜻이다. 그런데 자연과 가까이 지내는 것은 결코 자연 속에서 먹고 자고 생활하는 것에 국한되지 않는다. 꼭 시골에 거주해야 한다는 뜻이 아니다. 평일에는 경제활동을 하느라 어쩔 수 없이 도시에서 지내지만, 주말에는 자연 속에서 즐길 수도 있다.

대부분 귀농과 귀촌이 전원생활과 동일한 개념이라고 여기고 있는데 절대 그렇지 않다. 귀농은 경제활동의 주 수입원이 농사여야 하고, 귀촌은 경제활동과 무관하게 주 거주지가 시골에 있어야 한다. 이에 반해 전원생활은 자연 속에서 즐기는 하나의 여가 문화라는 데 차이가 있다.

지금까지 전원생활을 '여가'가 아닌 '거주'의 개념으로만 생각해왔다면 도시를 떠나 시골에서 살아야 한다고 생각하니 부담스럽게 느껴졌을 것이다. 하지만 이제부터는 명확히 구분해야 한다. 도시에 살아도 전원생활을 할 수 있고, 시골에 살아도 전원생활을 즐기지 못할 수도 있다.

아파트에 살아도 자연을 제대로 즐길 수 있는 나만의 터를 구해 집을 짓고 주말마다 소중한 추억 만든다면 그것이 바로 전원생활 아닐까? 아무리 경치 좋은 곳으로 귀촌을 해서 살아도 일하고 잠자는 게 전부라면 올바른 전원생활이 아니다. 전원에서 얼마나 잘 놀고, 잘 먹으며, 잘 즐기고 있는가를 따져봐야 한다.

이쯤에서 서두에서 던졌던 질문의 정답을 알아보자.

정답

+ 1번 : 자연 속에 살고 있으나 제대로 즐기지 못하니 오답(이 경우가 귀농 또는 귀촌의 대표적 사례)이다.
+ 2번 : 자연을 즐기는 것이 아니라 도시의 삶을 즐기는 또 다른 방법이므로 오답이다.
+ 3번 : 자연을 즐기는 것이므로 정답이다.
+ 4번 : 자연을 즐기는 것이므로 정답이다.

전원생활의 핵심은 '자연을 즐기는 것'이다. 하지만 자연 속에서 어떻게 즐길 것인가에 대한 고민을 하지 않는 사람들이 많다. 물론 아무것도 하지 않고 쉬는 것도 좋지만 오래 가시 못한다. 어느새 지루해지고 도시를 향한 그리움이 밀려올 것이다. 전원생활은 재미가 있어야 한다.

전원생활은 앞으로 여가 시간을 보내는 하나의 '놀이 장르'가 될 것이다. 이렇게 여가의 개념에서 본 전원생활은 결코 한가하거나 정적이지 않다. 하루하루가 모험이고 매일 미션처럼 주어지는 일과가 있다. 정신 없이 놀다가 마주하는 여유야말로 큰 기쁨이 될 것이다.

전원생활의
콘텐츠를 찾아라

전원생활을 계획하는 사람들이 가장 먼저 하는 일이 있다. 인터넷을 서핑하며 매물로 나온 전원주택을 둘러보기 시작한다. 대부분 특별한 목적이 없이 집 모양에만 중점을 두고 본다. 심지어 지역도 따지지 않고 그냥 집이 마음에 들면 혹해서 대출까지 받아 계약하는 경우가 허다하다. 이런 경우 열에 아홉은 결국 돈만 날리고 서울로 돌아오게 된다.

이게 다 전원생활의 준비를 돕는 체계적인 시스템이 구축되지 않았기 때문이다. 그렇다면 전원생활을 준비하면서 가장 먼저 해야 하는 일은 과연 무엇일까?

"자연 속에서 무엇을 하며 즐길지 콘텐츠를 파는 것이다."

충남 어촌마을에 전원주택을 짓기 전, 강원도 고성에 바닷가 바로 앞에 위치한 20평짜리 아파트를 얻어 몇 년간 주말마다 열심히 다닌 적이 있었다. 당시 편도 3시간 30분 정도 하는 거리를 그렇게 다녔으니 아마 기름 값도 어마어마하게 나갔을 것이다. 그런데 진짜 문제는 그런 게 아니었다.

첫해 여름을 나고 가을이 지나갈 때쯤부터는 할일이 없었다. 여름에는 아이들과 바닷가에 가서 해수욕도 하고 밤낚시도 하며 시간을 보냈다. 하지만 추운 겨울이 되니 살을 에는 찬바람에 낚시는커녕 20평짜리 집안에서 꼼짝도 못하고 티비만 보게 되었다. 분명 무언가 잘못되었음을 직감했던 순간이다. 심지어 아들에게 집에서는 뛰지 말고 조용히 있어 달라고 훈계를 하는 내 자신을 보며 이러려고 여기까지 왔나 후회가 밀려왔다.

불과 1년도 안 되어 이 집과의 인연이 길지 않음을 확신했다. 딱 20평짜리 공간에서는 아무리 바다가 코앞이라 해도 딱히 할 게 없었다. 처음부터 바닷가만 가면 놀거리가 넘쳐 나겠지 하는 생각으로 구체적인 계획을 세우지 못한 게 문제의 근원이었다.

전원생활을 계획하고 있는 사람들 상당수가 '일단 가면 재밌는 일들이 생기겠지' 하는 마음을 가지고 있을 것이다. 그리고 막연하게 텃밭에서 각종 쌈 채소를 기르거나 마당에서 바비큐 파티를 하며 보내면 될 것이라고 믿는다. 정말 그 정도로 수십 년 동안의 전원생활을 즐겁게 유지할 수 있다고 생각하는가?

한때 가수 이효리의 삶이 화제가 되어 제주도 귀촌 열풍이 불었다.

　　　　　　　　　　　　　　　　2장. 전원생활은 콘텐츠가 먼저다

일단 제주도에 가면 이효리와 같은 삶을 살 수 있을 것이라는 기대감이 있어서다. 하지만 누군가의 삶을 동경해서 전원생활을 시작해서는 절대 안 된다. 진정 내가 도전하고 싶고 즐기고 싶은 것을 찾아야 한다. 남들을 따라하다가는 결코 만족하지 못한다.

진짜 내가 전원 속에서 하고 싶은 것이 무엇인지, 그것을 어떻게 오랫동안 즐길 수 있는지를 고민해야 한다. 그것이 바로 전원생활의 가장 중요한 출발점인 '콘텐츠 찾기'이다.

콘텐츠는 전원생활을 하며 시간가는 줄 모르고 몰입할 수 있는 놀잇감을 말한다. 아이들이 있다면 좋은 추억을 쌓기 위해 아이들과 어떤 놀이를 할지 찾는 것도 좋은 콘텐츠가 될 것이다.

내가 '잘할 수 있는 것'이 아니라 내가 '도전해보고 싶은 것'을 찾아라. 남들 의식하지 말고 내가 도전해보고 싶은 것을 찾아 과정을 즐겨보자. 기쁘게 땀을 흘리고 몰입하는 과정에서 돈으로 환산할 수 없는 큰 가치를 얻게 될 것이다.

바닷가
트래킹

바다 낚시
연습

2장. 전원생활은 콘텐츠가 먼저다

아이들과
추억을 쌓는
놀이들

100가지 리스트가
필요하다

지금부터 '나만의 전원생활 콘텐츠' 리스트를 100가지만 만들어보자. 시간이 오래 걸리더라도 가급적 많이 찾아야 한다. 이 과정에서 내가 과연 전원생활을 원하는 것이 맞는지, 아니면 누군가를 동경해서 따라하는 것인지 스스로 깨달음을 얻을 수 있기 때문이다. 반드시 실현 가능하고 구체적인 콘텐츠여야 한다.

준비할 일들이 막막하다면 리스트를 먼저 작성해보자. 이렇게 구체적으로 찾다 보면 자연 속에서 즐길 수 있는 것들이 의외로 많다는 것을 알게 된다. 전원생활이 맞는 사람이라면 그 과정 또한 즐길 수 있을 것이다.

물론 전원생활을 하다 보면 리스트에 없는 도전거리들을 더 많이 경험할 수도 있다. 다만 사전에 미리 찾아보라고 하는 이유는 분명하다. 100가지 정도의 콘텐츠조차 제대로 떠올릴 수 없다면 집이나 땅을 보러 다니거나 비용이 드는 행동은 하지 말라는 의미다.

콘텐츠가 바로 전원생활의 명확한 출발점이라는 것을 명심해야 한다. 콘텐츠에 따라서 집을 지을 땅의 위치와 크기, 심지어 건축물의 구조까지 모두 달라질 수 있기 때문이다.

먼저 상상만 해도 즐거운 활동들을 떠올려보자. 많을수록 좋다. 한 가지를 떠올리고 나면 그걸 실행할 방법도 여러 가지가 있다는 걸 알게 된다. 그렇게 가지가 뻗어나가듯 생각하다 보면 한 그루의 큰 나무처럼 단단한 전원생활의 밑그림을 그릴 수 있다.

누구나 떠올릴 수 있는 바비큐 파티를 예로 들어보자. 나는 고기 굽는 방법만 당장 10가지 넘게 댈 수 있다. 한번 볼까?

케이맨의 고기 굽는 법

+ 숯불에 직화로 굽는 방법
+ 젖은 사과나무를 태워 훈제로 굽는 방법
+ 열이나 연기가 닿지 않게 옆으로 세워 간접열로 굽는 방법
+ 가마솥에 물을 부어 삶는 방법
+ 수증기로 찌는 방법
+ 장작 오븐에 고열로 굽는 방법
+ 돌을 달구고 압력밥솥에 고기와 야채, 뜨거운 돌을 넣어 몽골식 허르헉으로 굽는 방법
+ 대나무 통에 넣어 굽는 방법

- 땅을 파고 달궈진 돌과 고기를 넣고 물을 붓고 위를 덮어 찌는 방법
- 널찍하고 두꺼운 돌 위에서 굽는 방법
- 대나무 꼬치에 고기를 꿰어 굽는 방법
- 진흙과 마른 풀을 고기에 발라 굽는 진흙구이 방법
- 작은 항아리에 야채와 고기를 넣고 굽는 방법

잠깐 머릿속에 떠오른 것만 해도 10가지는 훌쩍 넘는다. 단순하게 고기를 굽는 조리방법의 차이라고 생각한다면 큰 오산이다. 언급한 요리들을 만들기 위해서는 모두 각각 다른 조리 기구가 있어야 하는데, 대부분 전원주택 앞마당에서 직접 만들 수 있는 것들이다. 덕분에 고기를 굽기 위한 또 다른 활동들이 이어진다.

'맛있는 음식을 먹는 즐거움'만 생각하면 안 된다. 요리에 필요한 간단한 조리 기구를 직접 만들고, 불 터를 만들기 위해 땅을 파고, 대나무를 자르고, 돌을 옮기는 모든 과정 자체가 콘텐츠가 된다. 전문가가 아니라도 충분히 할 수 있다. 단지 시행착오가 있을 뿐. 그 시행착오마저도 마냥 재밌고 유익하다고 생각한다면 못할 것이 없다. 무엇보다 아이들과 함께하며 즐거움과 성취감은 배가 된다.

나 같은 경우에는 장작으로 불을 떼는 화덕을 직접 만들어서 다양한 요리를 즐겼다. 화덕도 종류가 다양해서 하나의 화덕을 만드는 데도 오랜 시간이 걸렸다. 그만큼 공부도 많이 했다. 시행착오도 있었지만

2장. 전원생활은 콘텐츠가 먼저다

그 성취감은 이루 말할 수 없었다.

그밖에도 허가된 방법으로 바다에서 물고기 잡기, 조개 캐기, 갯벌에서 게나 소라 채취하기, 산에서 온갖 산약초 채집하며 등반하기 등 자연을 활용한 콘텐츠는 다양하다.

전원생활 5년이 지난 지금 아직 해보진 못했지만 꼭 해보고 싶은 일이 있다. 한 자연인이 TV에 나와 들판의 들꽃을 종류별로 따서 말린 후 투명 유리병에 색색들이 담아 차로 즐긴다는데, 그 유리병들로 꽉 차 있는 방이 어찌나 오색찬란하고 예쁘던지… 말린 꽃을 굳이 차로 내리지 않아도 방에 있으면 머릿속이 꽃향기로 꽉 찰 것 같아 부러웠다. 언젠가는 꼭 이루리! 술도 담가보고, 된장도 띄우고 고추장도 직접 담가볼 계획이다.

관심 있는 취미활동을 찾는 것도 좋다. 나도 전원생활을 준비하며 멀리 일산까지 스승을 찾아가서 열심히 목공을 배운 적이 있다. 목공도 분야가 다양한데 꼭 해보고 싶었던 것은 목기(木器)를 만드는 것이었다. 목선반에 목물을 고정시켜 뱅글뱅글 고속으로 회전시키고, 거기에 칼을 살짝 대면 나무가 쭉 하고 깎이며 칼밥을 쏟아내는데, 그때마다 느낌이 묘하고 신기해서 넋을 놓고 보게 된다.

나무 쟁반도 만들고, 그릇도 만들고, 술잔도 만들어 마을 사람들이나 지인들에게 선물할 계획이었는데, 요즘은 다른 놀이에 빠져서 못하고 있다. 하지만 언젠가는 거창한 목공방이 아니더라도 칼밥 뿌릴 작

목공을 배우며
취미로 만들어본
기물들

은 공간을 마련해 소소하게 목기를 만들어 지인들에게 선물하는 날
이 올 것이다.

마당 한편에 경사진 언덕에 지지대를 세워 햇살이 잘 들어오는 투명
한 아뜰리에도 만들려고 한다. 그 안에서 밖을 보며 캔버스에 그림을
그리는 것도 좋을 것이다. 낚시나 채집이 체질에 맞지 않는다면 두루
다니며 카메라에 자연을 담거나, 공방에서 조각을 하고 흙을 빚는 등
의 예술적 취미를 갖는 것이야말로 적극 권장하는 좋은 콘텐츠다.

콘텐츠는 많을수록 좋다. 모두 다 성공할 필요도 없다. 하나씩 도전
하며 그 과정을 즐기길 바란다. 그것이 오래도록 전원생활의 즐거움
을 향유할 수 있는 가장 좋은 방법이다.

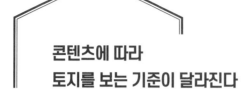

콘텐츠에 따라
토지를 보는 기준이 달라진다

유튜브에 내가 전원주택 부지를 보러 다닌 경험을 바탕으로 '업자들은 절대 알려주지 않는 땅 구입 X파일'이란 영상을 공개한 적이 있다. 토지 매입 전에 확인해야 할 체크리스트들을 정리해 올렸는데, 의외로 많은 시청자들이 도움을 받았다는 댓글을 남겨주었다. 그리고 개인적인 고민을 담은 이메일을 받기도 했다.

최근에는 지번과 지적도, 토지의 이용계획원, 위성지도, 로드맵 등을 첨부하여 다음과 같이 문의한다.

"만약 케이맨이라면 이 땅을 구매하시겠습니까?"

간단 명료하면서도 정곡을 찌르는 질문이 아닐 수 없다. 비록 전문가는 아니더라도 일단 '케이맨이라면'이라는 전제조건을 달았으니 내 기준에 따른 솔직한 의견을 전달하는 편이다. 단, 해당 부지를 구매하려는 목적이 나와 달리 '살기 좋은 곳'을 찾는다면 패스다.

"죄송하지만 목적이 달라 제 의견을 말씀드리는 게 무의미합니다. 도움이 되지 못해 죄송하며 부디 양해 부탁드립니다."
만약 나와 같은 목적이라면, 기본적인 요건을 충족시킨다는 전제 하에 콘텐츠를 중심으로 토지를 살펴본다.

콘텐츠 중심의 기준

+ 이런 모양의 부지에서 무얼 하며 놀 수 있을까?
+ 이 지역의 주변에 놀 만한 것이 무엇이 있을까?
+ 놀거리를 고려할 때 이웃과의 거리는 적당한가?
+ 계절에 따라 즐길 만한 것이 무엇이 있을까?
+ 아이들과 함께 놀기에 적당한 위치인가?
+ 주변에 방해가 될 만한 요소는 뭐가 있을까?
+ 이 곳에서 콘텐츠 100가지를 모두 해볼 수 있을까?
+ 과연 여기서 얼마나 오랫동안 즐겁게 놀 수 있을까?

이런 질문들을 던지며 유심히 자료를 살펴보면 어렵지 않게 결론을 도출할 수 있다.
"부지가 마을 안쪽에 위치하고 있어 집에 노래방을 설치하면 소음 문제가 생기겠어요."
"마당이 작아서 주차장과 텃밭을 빼면 바비큐할 터가 애매하네요."
"마당에서 고기라도 구우면 온 동네에 다 소문날 위치입니다."

"부지가 낮아 동네 사람들이 노는 거 훔쳐보기 딱입니다."

"이웃이 너무 붙어 있어 놀기에 좋지 않습니다."

"인근에 모두 산뿐이고, 관광지도 별로 없어 겨울에 심심할 것 같습니다."

"물놀이할 계곡이나 물고기라도 잡을 강가 근처가 좋을 것 같습니다."

"아이들이 뛰어놀 만한 공간이 부족합니다."

"취미 생활을 하기에 적합하지 않습니다."

"놀기에 좋지 못한 땅입니다."

이런 답변은 내가 원하는 콘텐츠를 먼저 확실히 수립했기 때문에 할 수 있는 것이다. 콘텐츠도 없이 무작정 결정하면 남들이 정해놓은 선에 맞춰진 부지를 결정하게 된다.

오래 전해 내려오는 '좋은 입지의 조건' 같은 것도 무시할 수 없지만, 이제는 새로운 기준이 필요하다. 기본적인 요건을 크게 벗어나지 않는 선에서 되도록이면 자신이 바라는 콘텐츠 중심으로 꼼꼼하게 분석해야 한다.

콘텐츠에 따라 토지를 살펴보았다면 집의 크기와 구조도 그에 맞춰서 고민해야 한다. 만약 실내보다는 야외 활동이 중심이라면 집의 크기는 최소화하고 그 옆에 작업장을 따로 만드는 식으로 건축할 수 있다. 또는 실내 중심의 콘텐츠를 계획하면서도 각각 독립적인 공간이 필요하다면, 모듈러 주택이나 이동식 주택을 이용해 저렴한 비용으로 각각의 독립적인 공간을 연결하는 방법도 있을 것이다.

콘텐츠에 따라 소음이 발생하거나 이웃에게 피해를 줄 수 있다면 부지 안에서 최대한 이웃과 떨어진 곳에 집을 지어야 하고, 반려동물을 실내에서 기르려면 반려동물의 편의성을 고려해 내부를 설계해야 한다.

만약 집을 지은 후에 황토 구들방을 추가로 만들 계획이라면 사전에 그 위치까지 고려해야 하고, 창고나 정자, 바비큐장과 같은 집의 부속 건물 또한 사전에 배치할 공간을 마련해두어야 한다. 따라서 콘텐츠도 없이 집을 지었다가는 이런 것들을 모두 놓칠 수가 있다는 것을 명심하자.

가장 이상적인
집의 규모

흔히들 집과 부지의 크기는 최소한이 좋다고 조언한다. 전원주택 단지마다 정확하게 바둑판 모양으로 100평씩 잘라서 최고의 전원생활 터라고 홍보하는 곳도 많다. 하지만 사람마다 취향이 다르고, 콘텐츠가 다른데 크기에 정답이 있을까?

손님들의 방문을 고려하지 말고 집은 20평대로 작게 짓고, 마당은 작은 텃밭만 만들 수 있는 100~150평 정도를 추천하는 식이다. 모두 관리와 매매에 용이하다는 이유 때문이다.

집이 넓으면 관리하는 데 비용이 많이 든다고 생각할 수 있다. 하지만 단열 기술이 발달하기 전에 생긴 고루한 편견일 뿐이다. 각 방마다 온도제어기를 따로 설치하고, 1층과 2층을 연결하는 계단실을 만들면 열손실을 최소화시킬 수 있다. 쓰지 않는 방은 보일러를 틀지 않으면 되니 비용이 더 들 이유가 없다. 단열이 잘된 집이라면 보일러를 돌리지 않아도 겨울철에 동파 걱정은 하지 않아도 된다.

예산에 여유가 있다면 방을 더 만들어 가족이나 지인들이 와서 편안하게 놀다 가도 좋을 것이다. 전원생활은 혼자일 때보다 함께일 때 더욱 즐거운 법이니까.

부지를 볼 때는 계획한 콘텐츠에 따라 마당에 정자를 만들고 수영장이나 연못을 팔 수도 있는 사실을 고려해야 한다. 작은 배라도 넣어둘 창고까지 만들려면 당연히 부지는 넓을수록 좋다. 마당에 잔디를 깎고 제초 작업을 하는 것은 기계가 있으니 크게 어렵지 않다.
반면 작게 쪼개진 전원주택 단지들은 집들이 서로 가까이 붙어 있는 경우가 많아서 벽간 소음으로 고생할 수도 있다. 층간 소음을 피해 아파트를 벗어난 의미도 없이 말이다.

나중에 집을 팔 것을 고려해서 작게 만들라는 말이 가장 답답하다. 집이나 땅은 어떻게 만들어 가느냐에 따라 그 가치가 달라진다. 제대로 관리하지 않으면 나중에 매매가 필요할 경우 제값을 받지 못할 수 있다.
반대로 유지보수에 신경 써서 집을 잘 관리해주면 이야기가 달라진다. 넓은 부지에 각종 유실수와 꽃들을 심고 가꾸어 아름다운 공간을 만든다면 어떨까? 그 모습에 매료되어 구매를 원하는 사람도 있을 것이다. 이런 이유로 그 땅은 주변 시세보다 더 값어치를 가지게 되는 경우를 많이 보았다. 그러한 공간은 1~2년 만에 만들어지는 것이 절대 아니기 때문이다.
행여 나중에 매매할 것을 염두하고 있다면 처음부터 작은 집을 지을

마당이 넓으면
놀거리가
무궁무진하다.

것이 아니라, 자신에게 맞는 크기의 집을 짓고 열심히 가꾸어 아름답게 만들도록 노력해보자.

> "어떤 집이든 자신에게 맞는 크기가 중요하다.
> 주어진 예산과 나만의 콘텐츠에 잘 맞는 집을 지어야 한다."

전원생활을 시작할
최적의 시기는?

전원생활의 준비는 '어떻게 하면 전원생활을 잘 즐길 수 있을까?' 하는 고민에서부터 시작해야 한다. 이미 전원생활을 시작한 나 역시도 재밌는 콘텐츠를 지속적으로 발굴해 즐기고 있다. 그런데 사람들에게 '잘 놀 수 있는 전원주택'을 지으라고 하면 선뜻 받아들이지 못한다. 왜냐하면 전원생활 관련 정보들이 대부분 고령의 은퇴자들에게 초점이 맞춰져 있기 때문이다.

부지는 작은 텃밭만 가꾸는 선에서 작게, 집도 단층으로 부부가 생활할 최소한의 공간만큼만 있으면 된다고 한다. 병원은 멀지 않은 곳에 있어야 하며, 혹시 모를 불상사를 대비에 마을 안쪽에 있는 것이 좋고, 기왕이면 노년에 심심하지 않게 마을 노인회관에 다채로운 프로그램이 있으면 더욱 좋다고 한다.

모두 정확하게 맞는 정보들이다. 고령의 은퇴자들에겐 말이다. 하지만 최근에는 전원생활의 연령층이 낮아지고 있다. 젊은 부부들도 아이들과 좋은 추억을 쌓거나 또는 교육적으로 더욱 좋은 환경을 만들어주기 위해 귀촌의 움직임에 합류하고 있다. 서울에 거주하더라도 지방에 주말주택을 마련해 주말마다 가족과 휴식을 취하고 있는 가정도 꾸준하게 늘고 있다.

특히 4차 산업혁명 시대를 맞이하여 기술의 발달로 전원생활이 더욱 편리해질 것이다. 이동은 더욱 편해지고, 물류와 의료, 보안 등 대부분의 불편함들이 획기적으로 개선되고 있다. 먼 미래의 이야기처럼 들리겠지만 자율주행차 상용화가 추진되는 날이 멀지 않았다. 은퇴할 시점에는 자율주행차가 보급되어 고속도로를 열심히 달리고 있을 테니 그때 가서 준비한다고 찾아다니면 지금보다 더 큰 돈이 들 것이 분명하다.

이미 정부는 2020년부터 고속도로에서 Level3 수준의 조건부 운행을 시행할 계획이라고 발표했다. 그렇다면 서울에서부터의 거리를 따지기보다 고속도로 IC에서 20분 안에 갈 수 있는 저렴하고 개발 가능한 부지나 집을 열심히 찾아보는 것이 좋다. 고속도로 IC를 빠져나와 가깝고 가격도 싸고 도로가 인접해 있어 나중에 집도 지을 수 있다면 그게 바로 좋은 부지라고 할 수 있다.

그동안 접근성과 편의성, 교육문제, 보안성 때문에 도시와 가깝지만 비싼 지역을 고를 수밖에 없었을 것이다. 하지만 이제는 선택의 폭이 훨씬 넓어졌다고 볼 수 있다. 이동의 문제가 해결되면 지인들과의 교류나 다양한 동호회 활동에도 적극적으로 참여할 수 있다. 이러한 상황에서 과연 은퇴자 중심의 정보들을 따를 필요가 있을까?

자율주행차 조건부 운행 계획

▼ Lv.3[조건부 자율] 상용화 시점

기술단계		Lv.2 [부분 자율]		Lv.3 [조건부 자율]	Lv.4 [고도 자율]	Lv.5 [완전 자율]
연도	●2018	●2019		●2020	●2025	●2035+ →
개념 [도로]		주 : 사람 보조 : 시스템 시범도로 및 고속도로		주 : 시스템 요청시 : 사람 고속·주요·일반도로	주 : 시스템 요청시 : 사람or시스템 고속·주요·일반도로	시스템 모든 도로
규제 이슈 — 운전주체영역	자율 주차시 운전자 이석 허용	운전자 재정의	시스템 관리 의무화	군집주행 선두 차량 자격 신설 모드별 운전자 주의의무 완화 사전교육 의무화	자율주행용 간소면허 시설 과로, 질병 등 운전금지 특례 신설	
규제 이슈 — 차량장치영역		자율주행 기능 정의 개선 자율주행차 기능안전기준 마련 제어권 전환 규정 신설 자율주행 여부 외부 표시 의무화 논의 자율주행 운행 설계 영역 명시	자율차 정비제도 개선	자율차 검사제도 개선 자율주행차 사 고기록 시스템 구축	구조/기능/장치 변경(튜닝)인증 체계 마련 좌석 배치 등 장치기준 계정	
규제 이슈 — 운행영역			민·형사 책임소재 정립 보험규정 정비	군집주행 차량요건 신설 군집주행 규제 예외 신설	자율주행 발렛 파킹 주차장 안전기준 마련	
규제 이슈 — 인프라영역	위치정보 수집 활용 허용 자율주행 정밀맵 허용	영상정보 수집 활용 허용		V2X 정보제공 방식 표준 및 관리기준 마련 자율주행 시스템 보안기준 마련 자율주행 인프라 연계 및 관리기준 자율주행 허용 도로 구간 표시		

└── Lv.3 대비 ──┘└ Lv.4 대비 ┘└ Lv.5 대비 ┘

(출처 : 국토부)

인터넷에서 국내 최대의 귀농, 귀촌, 전원생활 관련 카페들을 훑어보다가 가슴에 와 닿는 실패담을 하나 본 적이 있다. 글쓴이는 비록 젊은 나이지만 오랫동안 전원생활을 꿈꿔왔고 시간만 나면 부지를 보러 전국을 다녔다고 한다. 그러던 중 가격도 저렴하고 부지도 상당히 넓어서 마음에 드는 터를 발견했다. 하지만 주변에서 모두 말렸다. 주변 편의시설이 적고 동네와 좀 떨어져 있는 편이라 살기에 적합하지 않다는 게 이유였다.

결국 다른 사람들의 조언을 따라 기존 생활권인 수도권에 새로 생긴 전원주택 단지를 분양받았고, 현재 입주해서 살고 있다. 그런데 막상 전원생활을 시작해보니 아쉬운 점이 많았다. 전원주택 단지는 이전에 보았던 넓은 부지와 같은 가격임에도 크기는 1/4 밖에 안 되어 도무지 할 것이 없었다. 마당에서 모닥불이라도 피우면 민원이 들어왔고, 주변 소음도 심했다. 강을 조망하고 있으나 상수도 보호 구역이라 낚시도 금지되어 도무지 할 것이 없었다. 결국 더 늦기 전에 집을 팔고 이전에 봐두었던 한적하고 넓은 부지로 옮길 계획을 세우고 있다.

위의 글쓴이는 자신만의 콘텐츠를 정하고 전원생활을 꿈꿨으나, 기존의 은퇴자 중심의 정보들에 갇혀 값비싼 수업료를 내고 시행착오를 겪었다. 물론 기존의 정보를 무시하라는 것은 절대 아니다. 자신에게 맞는 것을 받아들이되 전적으로 따를 필요는 없다는 뜻이다.

연령대가 높다면 생활의 편리성을 중심으로 하는 것이 옳다. 다만 기존의 정보에 자신을 맞출 필요는 없다. 나의 콘텐츠, 연령, 예산과 성향에 맞게 오랫동안 잘 즐길 수 있는 전원생활을 준비하면 된다.

최근 들어 전원생활에 관한 직접적인 경험을 바탕으로 한 정보들이 다양한 연령층으로 확대되고 있다. 더불어 신기술의 발달 등으로 앞으로는 훨씬 다양한 형태의 전원생활을 접할 수 있게 될 것이다.

은퇴 이후의 삶이 곧 전원생활이라는 고정관념에서 벗어나서 내 인생에서 언제가 가장 적기인지 곰곰이 생각해보자. 정답은 없다. 언제 전원생활을 시작할 것인가에 따라 콘텐츠가 달라질 것이고, 결국 땅도 집도 모두 다른 모습이 될 것이기 때문이다.

전원주택에서
바라본
서해바다

3장

실패 없이
전원주택
짓는 법

'살기 좋은 땅'과
'놀기 좋은 땅'

전원주택의 건축은 개인이 아닌 한 가족의 꿈이 걸린 중대한 작업이다. 그만큼 초보자가 혼자해내기는 쉽지 않다. 인터넷을 보면 정보가 차고 넘치는 것처럼 보여도 부동산업자, 또는 건축업계에서 일종의 '영업용'으로 만들어놓고 공유하는 획일적인 내용들뿐이다.

게다가 언론에서는 각종 건축 및 분양 사기 사례가 끊이지 않고 보도되는데, 같은 수법으로 인한 피해자 수는 계속 늘어만 가고 있다. 이 또한 기존의 정보에 치명적인 오류가 있음을 말해주고 있는 것이다. 그렇다면 이제부터 건축주 입장에서 어떻게 부지를 분석하고, 집을 지어야 할지 하나씩 꼼꼼하게 살펴보도록 하자.

토지 구입에 대한 정보를 수집하다 보면 첫 번째로 '목적'을 확실히 하라는 조언이 많다. 하지만 그 목적을 귀농, 귀촌, 펜션 영업이나 민박 운영 등 '거주'의 개념으로만 한정해서 설명한다. 모두 '살기 좋은 땅'인가에만 초점을 맞추고, 아무도 '놀기 좋은 땅'에 대해서는 설명해주지 않는다. 하지만 전원생활을 위해 적당한 부지를 찾고 있다면 먼저 이 개념을 명확히 구분해야 한다.

아래 두 곳의 부지를 한번 살펴보자. 부지의 가격은 동일하다고 가정한다.

A부지

+ 수도권에 위치한 남한강변의 단지형 전원주택. 100평(330㎡)에서 150평(495㎡) 정도의 정방향 부지를 분양하고 있다.

+ 전기, 수도, 통신 등 기본적인 인프라와 접근성이 좋고 주변 편의시설의 이용이 가능하다.

+ 강을 내려다보고 있는 소위 '강(江)세권'으로서 훌륭한 경관을 자랑하며 조용히 휴식을 취하기에는 안성맞춤이다.

+ 학교와 공공기관, 병원, 마트와 편의시설 등을 고려했을 때 살기에 좋은 곳이 분명하다.

B부지

+ 도심에서는 다소 거리가 있지만 총 1,000평(3300㎡) 정도의 넓고 저렴한 임야를 끼고 있는 밭이다.

+ 현황도로가 있는데 사도(사유지)가 아닌 공도(국유지)라 통행에는 지장이 없고, 6미터 폭이라 대지로 바꿔 건축하기에도 용이하다.

- ✚ 마을과는 500미터 떨어져 있고, 가까운 슈퍼는 차로 10분 거리이다.
- ✚ 200미터 안쪽에 전봇대가 있어 전기 사용엔 문제가 없으나 통신주가 없어 인터넷을 신청하려면 다소 많은 추가비를 내야 한다.
- ✚ 상수도가 없어 관정을 파서 지하수를 끌어와야 한다. 뒤로는 산이 있고 앞으로는 계곡물로 형성된 지천이 있어 여름엔 물놀이와 낚시가 가능하다.

만약 본인이 전원생활을 계획하고 있다면, 위 두 곳의 부지 중 어느 곳을 선택하겠는가? 예상컨대 분명 망설여질 것이다. 하지만 현실에서는 이러한 선택을 해야 하는 상황이 부지기수 발생한다.

첫 번째 A부지는 처음부터 전원주택 단지 시행사가 살기 좋은 곳을 선정해서, 적당한 크기와 모양으로 잘라서 팔고 있는 전형적인 '살기 좋은 땅'이다. 주변 환경도 좋고 편의시설도 가까우니 그야말로 입주하기 적격인 부지라 할 수 있다.

하지만 가격이 상당히 비싸고 부지의 크기가 작다. 그래서 이웃들과 조밀하게 붙어 있는데, 좋은 이웃을 만나는 것이 관건이다. 게다가 남한강 조망이라 강가에 내려가 낚시도 하고 수영도 하며 물놀이를 즐길 수 있을 줄 알았는데, 아쉽게도 상수도 보호구역이라 모든 수상

활동이 금지되어 있다. 만약 조용히 쉬는 것이 목적이라면 문제 없는 조건이다.

두 번째 B부지는 '놀기 좋은 땅'이다. 이곳은 쉽게 말해 사람의 손길이 닿지 않은 야생 그 자체다. 전기, 수도, 통신 등 모두 하나씩 해결해야 한다. 하지만 통신·인터넷은 스마트폰의 LTE를 사용하면 되고, 전기도 신청만 하면 어렵지 않게 끌어올 수 있다. 지하수 대공을 뚫기 위한 비용이 다소 지출되는 단점이 있지만 저렴한 땅값을 고려하면 받아들일 만하다.

물론 부지가 넓은 만큼 제초 작업 등 관리의 어려움도 클 것이다. 하지만 이곳은 나만의 왕국으로 만들 수 있다. 바로 옆에 인접한 이웃이 없으니 소음 걱정도 없다. 원하는 만큼 넓은 정원을 만들고 다양한 시설도 미리 구상하여 공사해두면 지인들과 즐거운 시간을 보낼 수 있을 것이다. 무엇보다 바로 앞에 있는 계곡에서 물놀이나 낚시를 하며 놀 수 있어서 심심하지는 않을 것 같다.

나라면 망설임 없이 B부지를 선택할 것이다. 전원생활을 하려면 자연을 벗 삼아 즐겨야 한다고 생각하기 때문이다. 몸을 움직여 땀 흘리고, 자연 속에서 노는 재미를 제대로 느낄 수 있어야 한다.

물론 모두가 나와 같은 선택을 하라는 말은 절대 아니다. 토지를 찾는 목적을 '사는 것'에만 두지 말라는 의미이다. 아무런 기준도 없이 단순히 가격에 맞는 매물만 보면 살기 좋은 부지를 만났을 때 바로 마음이 동해 계약서에 도장을 찍는 상황이 발생한다.

하지만 입주 후에 부지가 작거나 이웃집과 너무 가까이 있어 발생하는 문제들을 생각하면 '아파트나 여기나 별반 차이가 없는데 왜 왔을까?' 하고 후회하게 된다. 그러니 땅을 보기 전부터 전원생활의 목적에 대한 확실한 기준을 세워야 한다.

물론 살기도 좋고 놀기도 좋은 부지를 찾는다면 최상일 것이다. 하지만 명심하자. 그런 땅의 주인은 내가 아닌 은행이 될 것이라는 것을. 그만큼 비싸다는 말이다. 반드시 우선순위를 결정해야 하는 시점이 온다. 그때 제대로 판단하기를 바란다.

카약을 타고
낚시를 즐기는
바닷가 라이프

계약 전에
조급해하지 말 것

이제 본격적으로 예산을 짜고 콘텐츠에 맞는 부지를 찾아 나설 차례다. 이 때도 인터넷 매물 검색이 빠질 수 없다. 우연히 마음에 드는 매물의 사진을 보게 되면 갑자기 머릿속이 하얘지면서 놓치면 안 될 것 같은 조급한 마음이 생긴다.

이러한 심리는 상품의 가격이 높고 낮음과 상관없이 같은 패턴으로 이루어진다. 우리 뇌에서 가격에 대한 민감성을 떨어지게 하는 호르몬이 분비되어 판단을 흐리기 때문이다. 이런 사람은 마음에 드는 물건을 발견하면 빨리 사야 할 것 같은 조급함에 잠도 오지 않는다.

하지만 토지는 아파트와 달리 쉽게 매매가 이루어지지 않는 매우 특수한 상품이다. 이 때문에 시중 은행에서조차 가급적 토지를 담보로 잡지 않으려 한다. 매매를 통한 현금화 즉 환금성이 매우 떨어지기 때문이다. 그래서 채무자가 돈을 갚지 못하면 은행이 토지를 헐값에 경매로 처분하기도 한다.

토지는 매물로 나왔다고 해서 절대 금방 팔리지 않는다는 사실을 꼭 명심해야 한다. 그러니 조급해할 필요가 전혀 없다. 그럼에도 현장을 보고 충동적인 결정을 내리게 되는 이유는 공인 중개사가 구매를 부추기는 말을 계속하기 때문이다.

"며칠 전에도 두 명이나 여기를 보고 갔는데 마음에 들어했어요. 금방 계약할 것 같던데."

하지만 이런 말에 절대 넘어가서는 안 된다.

그렇다고 공인 중개사 없이 거래를 하라는 말이 아니다. 오히려 안전하게 거래하려면 반드시 공인 중개사를 통해야 한다. 하지만 매물 분석만큼은 오랜 시간을 들여 스스로 판단을 내릴 수 있어야 한다.

필요하다면 이해관계자가 아닌 다른 사람에게 평가를 부탁하는 것도 좋은 방법이다. 계약서에 도장이 날인되는 순간 돌이킬 수 없음을 명심하고, 되도록 많은 토지를 오랜 시간에 걸쳐 두루 살펴보길 바란다.

물론 해당 토지가 다른 사람에게 먼저 팔릴 수도 있다. 하지만 "땅 주인은 정해져 있다."라는 말이 있듯이, 놓쳤던 것보다 훨씬 더 좋은 물건이 반드시 나타난다. 인내하고 꼼꼼하게 분석하는 것만이 자신에게 최적화된 토지를 한 번에 구하는 지름길이다.

바닷가 일대를
두루 다니며
구한 부지에
지은 집

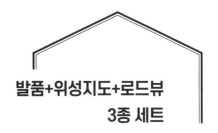

인터넷을 통해 매물을 검색하다 보면, 매물을 등록한 업자가 매물 분석을 제대로 하지 않고 다소 과장되게 꾸며놓은 정보를 많이 볼 수 있다. 단점을 명시하지 않고 장점만 명시한다든지, 병원, 학교 등의 시설과의 거리를 실제보다 가깝게 표시해 교통의 편의성을 부풀리는 경우가 정말 많다.

문제는 이러한 정보를 검색하는 사람들이 곧이곧대로 받아들인다는 점이다. 심지어 누군가 먼저 구입할까 봐 이미 구매를 결정한 채 현장을 돌아보는 경우도 허다하다. 하지만 선입견이 형성된 상태에서는 현장의 문제점을 제대로 파악하기 힘들다.

막상 집을 지을 때가 되어서야 생각지 못한 큰 문제들이 발생할 수 있다. 땅이 남향이 아닌 북쪽으로 틀어져 있는 경우도 있고, 주변에 혐오시설이 있거나, 계곡의 형태에 위치해서 음습하다거나, 상하수도가 없는 곳도 있다. 심지어 도로가 없는 맹지인에도 불구하고 남의 땅을 도로라 속여 판매하는 경우도 있다. 하지만 부동산 중개인은 자신도 몰랐다고 하면 그만이다.

따라서 매물 분석은 항상 비판적으로 해야 한다. 다소 부정적인 자세도 나쁠 것 없다. 그렇다고 해서 절대 손해 볼 것이 없기 때문이다. 땅은 직접 가서 보고, 서류도 직접 떼어 꼼꼼하게 보길 바란다.

흔히들 발품은 많이 팔수록 좋다고 한다. 100% 맞는 말이다. 하지만 무작정 현장을 찾아다니기 전에 해당 매물의 정확한 위치와 주변 이미지를 미리 파악해보는 방법이 있다.

부동산 사이트에 올라온 매물의 위치 정보가 다음과 같다고 가정해보자. 이럴 경우에 위성지도와 로드뷰를 이용하면 해당 매물의 정확한 위치를 찾을 수 있다.

부동산
매물 정보

+ 독산해수욕장과 1.5km 거리 위치
+ 서해안 고속도로 무창포 IC와 직선거리 2km 위치

먼저 인터넷에서 위성지도를 펼치고 명시된 고속도로 IC에서 직선거리 2킬로미터 반경으로 원을 그린다. 그리고 해당 해수욕장에서 직선거리 1.5킬로미터 반경으로 또 다시 원을 그린다. 그러면 두 개의 원이 겹치는 지점에 두 개의 접점이 생긴다.

이제 위성지도를 확대해 이 둘 중에서 해당 물건이 있는 땅을 찾으면

된다. 부동산업자들은 보통 거리를 최대한 가깝게 표시하기 위해 직
선거리 표기를 선호하기 때문에 이러한 방법이 충분히 효과가 있다.

이렇게 위치를 찾으면 바로 인터넷 사이트의 로드뷰를 통해 해당 물건의 상세한 영상을 볼 수 있다. 최근 로드뷰는 360도 VR 기술로 촬영하기 때문에 다양한 각도에서 물건을 분석할 수 있으며, 주변 환경까지 상세히 알 수 있다. 물론 길이 없는 오지나 왕래가 없는 오래된 도로는 영상이 없겠지만, 경험으로 비추어봤을 때 대부분의 인터넷 매물은 분석이 가능했다.

또한 네이버 지도와 같은 지적도를 제공하는 사이트를 통해 지번도 알아낼 수 있다. 궁극적으로 이 지번을 알아내는 게 가장 중요하다. 지번을 알아내면 해당 부지의 등기부등본이나, 토지이용계획 확인서 등의 서류를 통해 상세한 정보를 알 수 있기 때문이다.

토지를 계약하려는 사람들 대부분이 서류 확인 작업을 소홀히 해서 나중에 후회하는 사례가 굉장히 많이 발생하고 있다. 따라서 가급적 현장 방문 전에 최대한 많은 자료를 직접 발급해 섭렵하는 것이 좋다.

가격 조율에 도움이 되는
매물 채권 분석

등기부등본 '을' 구 매물 채권 분석

위성지도와 로드뷰를 통해 마음에 드는 매물을 발견했다면, 그 다음에는 이 토지가 왜 매물로 나왔는지를 분석해야 한다. 왜냐하면 토지를 파는 데는 다 이유가 있기 때문이다. 사전에 이유를 알면 가격 조율에서도 유리한 위치를 선점할 수 있고, 해당 토지에 중대한 하자가 있는지 여부도 간접적으로 알 수 있다.

가장 좋은 방법은 해당 토지의 등기부등본을 이용한 채권분석이다. 등기부등본은 지번만 알면 대법원 인터넷 등기소*www.iros.go.kr*에서 누구나 쉽게 발급받을 수 있다. 토지의 등기사항을 보여주는 '을' 구를 보면, 해당 토지를 담보로 해서 은행에서 얼마나 대출을 받았는지 해당 물건에 근저당권이 설정되어 있는지 등의 유용한 정보를 알 수 있다.

시중은행 즉 제1금융권에서는 전, 답, 나대지와 같은 토지는 현금화시키는 환금성이 떨어져 담보로 잘 잡지 않는다. 하지만 농협이나 제2금융권은 전, 답, 나대지 모두 담보로 잡아 상대적으로 높은 금리로 돈을 빌려주고 있다. 만약 토지에 근저당권이 설정된 경우라면 토지 매도자는 현재 비싼 이자를 내면서 토지를 보유하고 있는 것이다.

채권최고액을 보면 그 토지를 담보로 얼마나 대출을 받았는지도 알 수가 있다. 제2금융권에서는 보통 대출 금액(채권 금액)의 140%를 채권최고액으로 설정해놓는다. 따라서 등기부등본상의 채권최고액을 1.4로 나누면 대출 금액이 얼마인지 알 수 있다. 또한 토지 시세의 40~50%를 한도로 설정해서 대출을 해주는데, 만약 계산된 대출 금액이 매도가의 40~50%까지 꽉 채워져 있다면 해당 토지를 담보로 은행에서 최대치까지 돈을 끌어 썼다는 사실을 알아낼 수 있다.

여기서 중요한 건 이 분석을 통해 매도자의 심리가 얼마나 조급한지를 알아낼 수 있다는 것이다. 만약 매도자가 은행에서 최대치로 대출을 받았다면 최대한 빨리 대출금을 납입하고 싶을 것이다. 이러한 정보를 이용한다면 매수자는 가격 조율에 매우 유리한 고지를 차지할 수 있다.

이런 토지가 바로 급매물인데 처음부터 낮은 시세로 나오지 않는다. 일단 보통 시세에서 시작해서 아무리 기다려도 팔리지 않으면, 그때 울며 겨자 먹기로 매도 가격을 파격적으로 내리는 경우가 많다.

등기사항전부증명서 (현재 유효사항)

토지				

[을 구] (소유권 이외의 권리에 관한 사항)

순위번호	등기목적	접 수	등기원인	권리자 및 기타사항
1	근저당권설정	2015년 5월	2015년 5월 설정계약	채권최고액 금 140,000,000원 채무자 A씨 근저당권자 제2금융권 저축은행

충청남도 서천군 바닷가 근처 토지 분석

+ 이 토지의 근저당권 설정 당시 시세가 2억 원 정도였다면, 대출 최대치는 1억 원 정도라고 예측할 수 있다.
+ 위 [을 구]의 내용을 보니 채권최고액이 1억 4천만 원인데, 대출금액의 140%를 채권최고액으로 설정한 경우라면 실제 대출금은 1억 원이라는 것을 알 수 있다.
+ 결론적으로 채무자 A씨는 은행에서 빌릴 수 있는 최대치를 끌어다 썼기 때문에 돈이 급한 상황이라고 짐작해볼 수 있다.

따라서 매수자는 채권 분석을 통해 매도자의 상황을 파악한 후 가격을 더 내려서 제안해도 좋다. 만약 매도자가 이를 거절해도 바로 포기하지 말고 천천히 시간을 두고 기다려보는 전략적인 접근이 필요하다.

등기부등본 '갑' 구 소유자 변동사항

등기부등본의 '갑' 구를 보면 해당 부지의 소유자 변동 사항을 알 수 있다. 만약 최근 거래 시기가 얼마 지나지 않았다면 매수자는 이 토지에 무슨 하자가 있는 것은 아닌지 의심해보는 것이 좋다.

다음 자료를 보면 등기부등본상의 소유주 변동이 지나치게 잦고, 소유 기간도 모두 짧은 것을 확인할 수 있다. 심지어 현재 소유자는 불과 1년 전에 이 토지를 거래했던 기록이 있다. 이런 경우 다음과 같은 하자가 있는지 검토해봐야 한다.

등기사항전부증명서 (현재 유효사항)

토 지

[표 제 부] (토지의 표시)

순위번호	접 수	소 재 지 번	지 목	면 적	등기원인 및 기타사항
1	20XX년 4월 1일	충청남도 서천군 어느 바닷가 근처	대	500㎡	지목변경

[갑을 구] (소유권 이외의 권리에 관한 사항)

순위번호	등기목적	접 수	등기원인	권리자 및 기타사항
1	소유권이전	1980년 2월	재산 상속	소유자 A
2	소유권이전	2010년 3월	2010년 3월 매매	소유자 B
3	소유권이전	2012년 5월	2012년 5월 매매	소유자 C
4	소유권이전	2014년 3월	2014년 3월 매매	소유자 D
5	소유권이전	2018년 5월	2018년 5월 매매	소유자 E

**토지에
하자가 있는
경우**

+ 도로는 있으나 도로의 주인이 통행을 금지하고 있는
  사실적 맹지인 경우
+ 지하수가 나오지 않아 물을 쓸 수 없는 경우
+ 주변에 축사가 있어 악취가 심하게 나는 경우
+ 처음부터 개발이 불가능한 보호구역인 경우

이러한 정보는 절대 부동산 중개인이 알려주지 않는다. 부동산 중개
인은 양쪽 모두에게서 수수료를 받기 때문에 매도자에게 불리한 정보
는 말하지 않기 때문이다. 따라서 매수인은 사전에 꼼꼼하게 최대한
많은 정보를 섭렵해야 할 것이다. 부동산 등기부등본을 통한 분석 하
나만으로도 많은 정보를 얻을 수 있다는 사실을 꼭 명심하기 바란다.

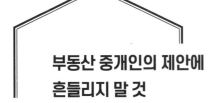

부동산 중개인의 제안에
흔들리지 말 것

부동산 거래는 무조건 자격 있는 공인 중개사에게 맡기는 것이 안전하다. 그래야 행여 중개 사고가 발생하더라도 공인 중개사 협회를 통해 보상받을 수 있다.

하지만 무조건 중개인을 믿으면 안 된다. 간혹 현장을 보다가 아쉬운점이 많아서 돌아서는 순간에 중개인이 파격적인 할인을 제안해오는 경우가 종종 있다.

"내가 잘 얘기해서 1천만 원 정도 깎아볼게요. 대신 수수료 1백만 원만 올려줘요!"

일단 이렇게 파격적인 제안을 받게 되면 크게 흔들릴 수밖에 없다. 하지만 이를 조심해야 한다.

중개인이 주인도 아닌데 어떻게 이런 파격적인 제안을 할 수 있을까? 이런 경우는 처음부터 매도인한테 9천만 원에 팔아주겠다, 혹은 8천만 원에 팔아주겠다고 한 뒤 실제 매수자한테는 1억 원이라고 호가를 부르는 경우다.

결국 중개인의 전략인 셈이다. 원래부터 그 토지는 9천만 원이었다는 사실을 명심해야 한다. 아무리 오랜 시간 준비를 해왔다고 하더라도 잘못된 판단으로 한순간에 모든 게 망가질 수 있다. 그러니 흔들리지 말아야 한다. '모든 땅은 주인이 정해져 있다'는 말을 기억하자. 절대 사사로운 유혹에 넘어가지 말고 꼼꼼하게 따져보기를 바란다.

어떤 경우에는 마을 이장을 통해 토지를 구매하는 것이 좋다는 이야기도 있는데 매우 잘못된 정보이다. 마을 이장이라 더 잘해줄 것 같지만, 전혀 그렇지 않다. 마을 이장이 중개한 토지가 나중에 알고 보니 주변 시세보다 과도하게 높게 책정되어 있었다는 피해 사례가 끊이지 않고 있다.

설사 정상적인 금액으로 토지를 구매했다고 하더라도 끝이 아니다. 감사의 뜻으로, 부동산 중개인에게 주는 수수료보다 더 많은 비용을 내야 할 수도 있다. 잘못하면 전원생활을 시작하면서부터 이장에게 끌려다니는 결과를 초래하게 된다.

시골 현지 출신의 중개인과 거래를 할 때도 조심해야 한다. 이런 경우 중개인이 해당 지역의 토박이라 구입할 부지의 이웃들과 친분이 두터운 게 문제다. 계약서에 도장을 찍은 후에 정해진 기준을 크게 상회하는 수수료를 요구할 수도 있는데 이 경우에 해결 방법이 애매하다. 부동산에 따지고 항의했다가는 시작부터 동네 인심을 잃을 수 있기 때문이다.

이러한 문제를 방지하는 가장 좋은 방법은 현장 방문 이전에 정해진 수수료를 미리 확인하는 것이다. 절대 그 전에 계약서에 도장을 찍는 실수를 범해서는 안 된다.

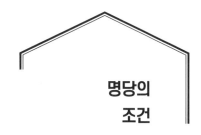

"집은 남향으로 지어야 한다."

누구나 다 알고 있는 상식 같은 말을 아직도 무시하는 사람들이 정말 많다. 지금도 주변을 돌아보면 북향, 북서향, 북동향 등 북쪽을 바라보고 집을 짓는 현장이 수두룩하다. 모두 저렴한 가격과 주변 경관을 보고 결정했기 때문이다.

집을 짓기에 좋은 명당의 조건을 모두 충족시킬 수는 없다. 하지만 굳이 고르라면 '남향집'이다. 조선시대 실용서인 택리지(擇里志)에서 말하는 배산임수(背山臨水)의 지형은 분명 명당이긴 하나, 많은 사람들이 이 조건 때문에 큰 실수를 범하는 경우가 종종 있다.

뒤로는 산을 끼고 앞으로는 강이 흐르는 지형은 직접 보면 기가 막힌 경치에 감탄을 하기 쉽다. 그래서인지 이런 지형일수록 전원주택으로 빼곡하게 채워져 있다. 하지만 남쪽이 산으로 막혀 있는 경우라면 문제가 된다.

이렇게 지어진 집들을 보면 해가 동쪽에서 뜨는 아침 시간이나 서쪽으로 지는 잠깐 동안만 집안을 비출 뿐이다. 나머지 시간에는 따사로운 햇빛 대신 음침한 기운이 맴돈다. 특히 겨울이 되면 눈과 얼음이 녹지 않아 그대로인 경우가 많으니 명당은커녕 춥고 음침한 기운 때문에 살기에 적합하지 않다. 그러니 배산임수 지형이라고 다 좋은 것은 아니다.

요즘은 단열 기술이 발달되어 전원주택을 잘 지으면 추위에는 전혀 문제가 없다고 하지만 그게 다가 아니다. 항상 집 안에서만 있을 수는 없기 때문이다. 정원에 나와 이런저런 일을 하며 많은 시간을 보낼 텐데, 겨울에 불편하고 음침한 곳에서 어떤 활동을 할 수 있을까? 물론 상주 목적이 아닌 세컨드 하우스로서 주말에만 잠깐 즐기기 때문에 상관없다고 할 수도 있다. 또 남쪽으로 창을 여러 개 뚫어 최대한 채광 효과를 높이면 된다는 사람도 있다. 당연히 개인마다 취향이나 경제적 상황이 달라 정해진 답이 있는 것은 아니다. 하지만 남향의 따스함을 제대로 만끽해본다면 과연 북향의 불편함을 군이 극복할 필요가 있을까 하는 의문이 들 것이다.

물론 남향이라고 무조건 해가 잘 드는 것은 아니다. 간혹 남향으로 집을 지어도 겨울이 되면 멀리 산그림자에 의해 낮부터 해가 가려지는 경우도 있다. 그래서 토지는 겨울에 봐야 한다. 경험상 겨울철에도 해가 잘 들어 눈이 금방 녹는 남향의 토지가 제일 좋은 명당이라고 할 수 있다.

겨울에도 햇살이
잘 들이치는
바닷가 전원주택

문제는
물이다

집을 짓기 전에 가장 기본적으로 확인해야 할 것이 바로 전기, 통신, 상수도와 지하수이다. 일상생활에 빠질 수 없는 인프라이기 때문이다. 최근에는 기술이 발달해서 앞의 두 가지 문제는 충분히 해결이 가능해졌다. 전기는 태양광 패널을 설치해 자급자족할 수 있고, 통신은 스마트폰이나 LTE 공급장치를 연동해서 인터넷을 쓰는 방식으로 해결할 수 있다.

문제는 물이다. 집 근처에 상수도가 지나가면 가장 좋지만 상수도가 없다면 관정을 파서 지하수를 끌어 써야 한다. 그런데 지하수 자체가 없는 부지가 많다. 막상 장비를 들여 관정에 구멍을 뚫었는데 물이 올라오지 않는다면 정말 큰 낭패다.

이럴 경우 다른 사람 소유의 땅에 임대료를 내고 관정을 파거나 사용료를 내고 인근 주택의 물을 끌어와야 한다. 하지만 절대 쉬운 일이 아니다.

물론 지하수를 끌어 쓸 수 있는 경우라도 문제가 있다. 과거와 달리 지하수가 나오지 않는 지역이 점점 늘어가고 있기 때문이다. 해마다 전국적으로 수천 곳에 대공을 뚫어 물을 끌어올리고 있다 보니 그 양이 부족할 수밖에 없다.

게다가 사용하지 않는 대공을 그냥 방치해서 각종 오염물질이 지하로 투입되어 지하수가 오염되고 있다. 지하수 오염은 심각한 문제를 초래하므로 해당 부지 인근에 오염 시설이 있는지도 확인할 필요가 있다. 지하수에서 냄새가 나는 경우가 허다하기 때문이다.

바닷가 근처에서는 바닷물이 범람하여 소금기 있는 물이 올라올 수도 있다. 이와 같은 맥락으로 비만 오면 흙탕물이 넘칠 수 있으므로 꼼꼼하게 알아보자. 물 때문에 문제가 생긴다면 일상생활에 큰 불편을 초래하여 전원생활을 망칠 수도 있으니 주의해야 한다.

건폐율을
확인하는 법

땅을 볼 때는 건폐율과 용적률을 모두 확인해야 한다. 용적률은 집을 몇 층까지 높게 올릴 수 있는지 알아보는 기준이 된다. 그런데 전원 주택을 빌딩처럼 높게 올리는 경우는 없다. 대부분 3층 정도 높이에서 건축하기 때문에 용적률을 크게 고민할 필요는 없다.

문제는 건폐율이다. 건폐율은 해당 토지에 집을 지을 때 1층 바닥의 면적을 정하는 기준이 된다. 무작정 "나는 30평짜리 1층집을 지어야지." 하고 계획해서는 안 된다는 뜻이다.

예를 들어서 토지가 100평(330㎡)이고 건폐율이 20퍼센트라고 하자. 이 경우 집의 1층 바닥 면적은 최대 20평(66㎡)까지만 허용된다. 따라서 건폐율에 딱 맞게 집을 지은 후 창고를 추가로 지으려 한다면 이 또한 문제가 된다. 창고도 허가를 받아야 하는 건축물이라 건폐율에 포함되기 때문이다. 이미 건폐율에 맞게 집을 지었다면 더 이상 다른 건축물은 지을 수 없다.

**건폐율
계산법**

+ 토지 : 100평(330㎡)

+ 건폐율 : 20%

+ 집의 1층 바닥 면적 : 최대 20평(66㎡)

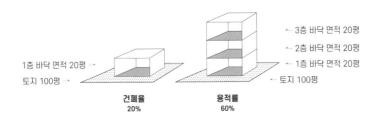

1층 바닥 면적 20평 →
토지 100평 →

← 3층 바닥 면적 20평
← 2층 바닥 면적 20평
← 1층 바닥 면적 20평
← 토지 100평

**건폐율
20%**

**용적률
60%**

건폐율이나 용적률은 시도별로 구축된 부동산 정보 시스템에 접속하여 해당 지번으로 조회하면 알 수 있다. 먼저 해당 토지가 어떤 용도지역(생산관리지역, 계획관리지역 등)인지 확인한다. 그리고 해당 지역 도시 계획 조례나 건축 조례에서 이 용도지역에 대한 건폐율 및 용적률을 찾으면 된다. 창고와 기타 부속건물을 추가로 지을 계획이라면 집을 짓기 전에 건폐율을 염두하여 충분한 공간을 확보해두자.

축사를
조심하라

인터넷에서 '토지 이용 규제 정보 서비스'라는 사이트를 검색한 후 집을 지을 주소를 입력하면 토지이용계획 확인서를 무료로 볼 수 있다. 토지이용계획 확인서를 통해 알아볼 수 있는 것 중에 하나가 토지 주변에 축사가 있는지 여부다. 집 주변에 축사가 있으면 전원생활에 치명적인 문제를 야기할 수 있으므로, 반드시 '가축사육제한구역'이라는 표시가 있는 토지를 골라야 한다.

여러모로 마음에 드는 토지라고 해도 집을 짓고 입주한 후에 인근 축사에서 가축분뇨 냄새가 날아온다면 크게 후회할 것이다. 아무리 평소에는 괜찮다고 해도 바람의 방향이나 기온에 따라서 그 정도가 달라질 수 있다.

쾌적한 전원생활을 위해서는 직접 토지 주변을 다니며 축사가 있는지도 꼼꼼히 확인해야 한다. 가축사육제한구역으로 설정되어 있더라도 설정 이전부터 축사를 운영했다면, 합법적으로 계속 유지할 수 있기 때문이다.

토지이용계획 확인서를 발급받아보면 '지역지구등 지정 여부' 항목이 있다. 「국토의 계획 및 이용에 관한 법률」에 의해 '~에 지정된 지구' '~지구' '~구역' 등의 표시를 확인해야 한다. 해당 토지에 집을 지을 수 있는지 등의 개발 행위 가능 여부를 알 수 있기 때문이다. 물론 항상 예외가 있으므로 이 또한 반드시 해당 관청에 직접 문의해서 확인하는 것이 좋다.

토지이용계획확인서 예시

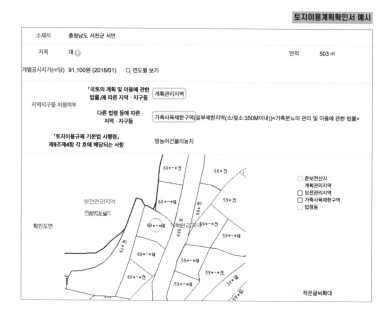

소재지	충청남도 서천군 서면		
지목	대	면적	503 ㎡

개별공시지가(㎡당) 91,100원 (2018/01) 🔍 연도별 보기

지역지구등 지정여부

「국토의 계획 및 이용에 관한 법률」에 따른 지역·지구등 : 계획관리지역

다른 법령 등에 따른 지역·지구등 : 가축사육제한구역(일부제한지역(소/젖소:350M이내))<가축분뇨의 관리 및 이용에 관한 법률>

「토지이용규제 기본법 시행령」 제9조제4항 각 호에 해당되는 사항 : 영농여건불리농지

확인도면

보전관리지역

☐ 준보전산지
   계획관리지역
☐ 보전관리지역
☐ 가축사육제한구역
☐ 법정동

☐ 작은글씨확대

지목 변경 시
유의할 것

토지의 지목이 전(田)이나 답(畓), 임야(林野)로 되어 있으면 '지목 변경 신청' 없이는 건축허가가 나지 않는다. 대지로 바꿔야 집을 지을 수가 있는데 '농지전용 부담금'이나 '산지전용 부담금'이란 비용을 내야 한다. 그런데 이 금액이 생각보다 크니 사전에 토지 구매 예산을 짤 때 꼭 고려해야 한다. 아무리 싸고 좋아 보이는 토지라도 이 비용이 많이 들면 나중에 큰 부담이 될 수 있으므로 꼭 확인하자.

농지전용
부담금

+ 농지전용 부담금 산정법

　: 전용면적(㎡) × (개별공시가의 30%)

만약 '전용면적이 60평이고 개별공시가가 제곱미터당 20만 원'이라면 농지전용 부담금은 다음과 같이 산정된다.

사례

- 전용면적 : 200㎡(60평)
- 개별공시가 : 20만 원(㎡ 당)
- 개별공시가의 30% : 6만 원→5만 원으로 계산
  (제곱미터 당 개별공시가의 30퍼센트가 5만 원을 초과할 경우 상한선을 5만 원으로 한다.)
- 농지전용 부담금 : 200㎡×5만 원 = 1천만 원

혹시라도 '논을 매입하여 농지전용 부담금을 내고 대지로 바꿔 집을 지으면 되겠지' 하는 마음으로 쉽게 접근해서는 절대 안 된다. 주변이 논으로 둘러싸여 있는 땅이기 때문에 모기를 비롯해 각종 수생벌레들로 인한 피해가 클 것이다.

또한 인접한 논에서 확산되는 농약이 집으로 유입될 확률이 매우 높다. 최근에는 입자 형태의 농약을 살포해 공기 중에 확산되지는 않지만, 드론을 이용하거나 장마철 방제의 목적으로 분무식으로 뿌리기도 하니 조심해야 한다.

무엇보다 수십 년간 물을 머금고 있던 논은 성토만으로 지반의 안전성을 보장할 수 없다. 성토 후 적어도 3년 이상 다져야 하나, 현실적으로 어렵기 때문에 쇠파이프를 박아 보강 작업을 꼼꼼하게 해야 한다. 만약 사전에 보강 작업을 제대로 하지 않는다면 불규칙한 지반침하로 인해 수년 내로 벽이 갈라질 수 있다. 따라서 지목을 변경할 때는 안전한 집을 짓기 위해 사전에 많은 준비가 필요하다.

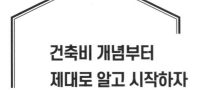

건축비 개념부터
제대로 알고 시작하자

내가 전원주택을 짓고 가장 많이 받는 질문은 "전원주택 평당 얼마에 지었나요?"이다. 가장 핵심적이고 기초적인 질문이지만 그만큼 대답하기 애매한 질문이기도 하다. 왜냐하면 건축비의 개념이 입장에 따라 다르기 때문이다.

하나의 집을 짓기 위해서는 한 명의 업자나 하나의 업체가 아닌 수많은 이해관계자들이 복합적으로 투입되어야 한다. 설계회사를 통해 설계를 하고, 지역 건축사무소를 통해 인허가를 신청한다. 그리고 시공업체를 선정해 주택을 시공하고, 조경업체에게 조경을 의뢰해야 한다.

이렇게 각각의 과정에 따라 들어가는 비용을 지칭하는 용어들이 나뉜다. 설계비, 인허가비, 시공비, 토목 공사비, 조경비 등이다. 이 항목들이 건축주가 집을 지을 때 고려해야 하는 총 비용이다.

다시 처음 질문으로 돌아가보자. 건축주들이 평당(3.3㎡) 얼마가 드는지 물어볼 때는, 집을 짓는 데 들어간 총 비용을 기준으로 답해야 한다고 생각한다. 그런데 업계에서는 깡통집을 짓는 순수 '시공비'만을 건축비로 본다. 그래서 건축주 입장에서는 생각보다 싸다고 생각하고 섣불리 예산을 잡게 된다. 하지만 집을 짓다 보면 당연히 추가 비용이 들어 예산은 크게 초과되기 마련이다. 그래서 건축주는 온갖 스트레스에 시달리며 '집을 지으면 십 년이 늙는다'고 하소연하는 것이다.

건축비의 온도차

+ 건축업계에서 보는 건축비 : 주택 시공비
+ 건축주가 생각하는 건축비 : 설계, 인허가, 토목, 주택 시공비, 인테리어, 조경, 울타리, 보일러, 정화조, 대문, 주차장, 상하수도 인입, 지하수 개발 등에 드는 모든 비용의 총 합계

그렇다면 하나의 온전한 집을 완성하기까지 드는 총 비용을 지칭하는 용어는 무엇일까? 일부 건축업계에서는 '건축 완공 비용'이라고 한다. 하지만 집을 짓는 동안에도 들어보지 못했을 만큼 생소한 용어다. 지금도 전국의 수많은 건축주들은 '주택 시공비'만을 예산으로 잡아서 지으려고 한다.

물론 모든 건축비나 주택시공비를 일률적으로 획일화시키는 것은 불가능하다. 건축주의 기호에 따라 그리고 건축 부지의 상황에 따라 들어가는 비용은 천차만별이기 때문이다. 그런 이유로 시공업체 측에서 최대한 비용을 표준화시키려 하는 의도는 이해한다. 하지만 각 입장에 따른 주장의 온도 차이를 미리 감안하는 것이 중요하다. 모든 비용을 고려해서 예산을 설정해야 추후에 낭패를 보지 않을 것이다.

이제 건축주 입장에서 하나의 완성된 집을 짓는 데 소요되는 비용을 알아보자. 모든 비용은 건축주의 기호와 건축의 상황, 토지의 상황에 따라 변동되므로 비용보다는 항목을 기준으로 보면 된다(토지의 구매 가격은 크기마다, 그리고 지역마다 천차만별이므로 제외함).

제시된 항목들은 대표적으로 들어가는 항목이다. 건축이 시작되면 그 밖의 세부적인 항목도 추가될 수 있다. 지역이나 면적에 따라 차이가 있으니 참고하여 직접 산출해야 한다.

주택의 연면적이 30평(99㎡)이고 평당 400만 원에 시공업자와 계약한다고 가정해보자. 이때 주택 시공비는 대략 1억 2천만 원이 든다. 하지만 이외에도 얼마나 많은 항목들이 추가되는지 살펴보면 건축비 예산을 어떻게 설정해야 할지 감이 잡힐 것이다.

**건축비
예산
알아보기**

+ 주택 시공 비용

   : 1억 2천만 원(30평 × 400만 원)

+ 설계, 인허가 비용 : 800만 원

+ 지목 변경 비용('대지'는 해당 안 됨) : 1천만 원

+ 토목 공사 비용 : 1천만 원(기초 토목공사비 500만 원, 석축 500만 원)

+ 외장재 변경 추가 비용 : 1천만 원(기와 변경), 200만 원 (벽돌 변경)

+ 상수도 인입 비용 : 100만 원(지역과 거리에 따라 다름)

+ 상수도가 없는 경우 : 500만 원(지하수 관정 파는 비용)

+ 정화조 설치 및 준공검사 비용 : 200만 원(지역에 따라 천차만별)

+ 데크 설치 비용 : 500만 원

+ 잔디 식재 비용 : 300만 원

+ 야외 수돗가 비용 : 50만 원

+ 울타리 : 메시펜스 200만 원

+ 대문 설치 비용 : 100만 원

+ 주차장 바닥 콘크리트 비용 : 200만 원

+ 인테리어 추가 비용 : 800만 원

+ 취득세 : 1천만 원

+ 기타 창고 건축 비용, 정자 설치 비용, 태양광 설치 비용, 야외 조경수 식재 비용 등은 제외

✦ 총 건축 비용

: 1억 8천 8백 5십만 원(지하수 개발비로 적용)

처음 시공업자와 계약한 주택 시공비가 1억 2천만 원이었던 것과 비교하면, 결과적으로 50퍼센트의 비용이 추가로 소요된 셈이다. 여기에 전원생활에 꼭 필요한 창고나 정자, 에너지 절감을 위한 태양광 설치까지 생각하면 예산을 넉넉하게 잡는 것이 좋다.

나에게 맞는
시공사 선정 방법

해당 부지 근처에서 업체를 찾는 방법

내가 구입한 부지 근처에 딱 원하는 스타일의 집을 짓는 현장을 만나는 경우가 종종 있다. 그럴 때 바로 가서 "저도 집을 지으려고 하는데 잠시 둘러봐도 될까요?" 하면 현장 소장이 친절하게 안내해준다. 이렇게 건축 현장을 찾아 방문하면 건축주의 만족도를 묻거나 집을 짓는 과정을 직접 눈으로 확인할 수 있다. 만약 가격까지 예산과 맞는다면 그 업체에 바로 의뢰하는 것도 나쁘지 않을 것이다. 물론 뒤에 설명할 건축사기에 관한 예방법만 철저하게 지킨다면 말이다.

유명 브랜드 업체에게 맡기는 방법

지금도 TV나 인터넷을 보면 유명 연예인을 내세워 광고를 하는 대형 업체들이 많다. 이런 업체들을 가장 쉽게 접촉할 수 있는 방법이 바로 건축박람회를 둘러보는 것이다. 박람회장 안에 전원주택을 통째로 지어서 보여주는 업체들은 모두 유명 브랜드 업체들이므로 직접 견학해볼 것을 꼭 추천한다. 유명 브랜드 업체의 가장 큰 장점은 건축주의 역할을 최소화시키는 시스템이고, 단점은 당연히 비싼 가격이다.

중소규모의 지역 업체에게 맡기는 방법

건축 부지가 있는 관내 지역 업체에게 시공을 맡길 수도 있다. 지역 업체는 유명 브랜드 업체보다 훨씬 저렴한 비용으로 시공을 맡길 수 있다. 또한 해당 지역에서 경험이 풍부하기 때문에 여러 가지 어려운 상황에 대처하기 쉽다.

하지만 어느 한 곳만 방문해서 상담받지 말고 여러 곳을 둘러보며 업체의 신뢰도 평가를 해야 한다. 사무실이 고정식인지, 혹은 사업자등록증의 등록일자가 오래되었는지 등을 확인해야 한다.

사기꾼이거나 사고 이력이 있는 업체들은 사업자등록증을 자주 변경하기 때문이다. 또 업체가 지은 집들을 직접 방문해서 둘러보는 등 꼼꼼한 선정 과정을 반드시 거쳐야 한다.

직영으로 짓는 방법

건축주가 어느 정도 건축에 대한 지식과 경험이 있다면 직영으로 집을 지을 수도 있다. 먼저 관리감독 자격을 갖춘 다음 직접 인부들을 고용하고 자재를 구매해서 시공하는 방법이다. 이 경우 당연히 건축주의 역할이 크므로 비용은 가장 적게 소요될 것이다. 하지만 그만큼 시간과 노력이 들어가니 분명 쉽게 결정할 문제는 아니다.

반면 개인업자에게 시공을 맡기는 경우에도 비용 절감을 위해 업자의 제안에 따라 직영으로 운영할 수 있다. 이때는 부가가치세와 같은 비용을 절감하기 위해 형식만 직영으로 할 뿐 건축은 업자가 모두 알아서 하게 된다. 그만큼 사고에 대한 안전장치가 부족하고 부실 시공 및 건축 사기와 같은 위험에 노출되기 쉽다. 사전에 철저하게 업자를 검증하고, 계약서 작성 및 자금 지급 계획을 꼼꼼하게 수립해야 할 것이다.

누구에게 시공을 맡기는가에 대한 문제는 참으로 어렵기만 하다. 건축 시공에 대한 기준이 표준화되어 있다면 좋겠지만 현실은 그렇지 않다. 업자나 업체에 따라 똑같은 설계도면과 자재를 가지고도 건축 비용이 천차만별이다.

최선의 방법은 자신의 예산을 바탕으로 위에서 언급한 유형별 방법을 직접 꼼꼼하게 검증하는 것이다. 특히 지인을 통해 소개받아 건축을 시작하는 경우라도 계약서부터 자금 지급 방법까지 꼼꼼하게 체크해야 한다.

화를 부르는 주문,
무조건 싸게!

견적을 받기 위해 여러 시공사를 만나 보면 대략적인 평균 가격의 범위를 알 수 있게 된다. 가장 쉽게 견적을 받으려면 먼저 인터넷을 통해 다양한 디자인의 전원주택 사진들을 보면서, 자신이 원하는 내외장 스타일을 정한다. 그 다음 여러 업체들에게 샘플을 보내서 시공비가 어느 정도 나오는지 문의한다. 무작정 전화로 문의하기보다 이메일에 이미지를 첨부하여 견적을 받는 것이 좋다.

업체들마다 무료로 견적을 상담하는 창구가 따로 마련되어 있으니 부담 없이 상담 받으면 된다. 기왕이면 다섯 군데 이상의 시공사에서 견적을 받아보길 추천한다. 비교 대상이 많을수록 좋다. 단, 견적은 대략적인 금액이므로 예산을 세울 때 추가 예산을 충분히 고려해야 한다.

만약 다섯 군데의 견적 중 어느 한 곳이 지나치게 비싸거나 또는 반대로 지나치게 저렴할 경우 반드시 둘 다 평균가 산정에서 제외시켜야 한다. 그리고 평균 가격을 제시하는 남은 업체들 중에서 선정하는 것이 가장 합리적이다.

일부 건축주들은 가장 저렴한, 심지어 파격적인 가격을 제시하는 업체를 선택해놓고, 나중에 품질 문제, 공사 중단 등으로 각종 송사에 휘말리게 됐다고 울상을 짓는 경우가 있다. '가장 저렴한 비용으로 최상의 품질'을 바랄 수는 없다.

실제로 이런 허황된 욕심을 가진 건축주들을 노린 건축 사기가 끊이질 않는다. 사기꾼들은 모두 여러 가지 이유를 들면서, 저렴한 비용으로 최상의 품질을 보장한다고 호언장담을 한다. 건축주의 욕심과 사기꾼의 달콤한 유혹이 찰떡궁합을 이루니 그 결과는 부실시공 아니면 소송으로 끝나는 일이 허다하다.

제대로 된 품질의 시공을 원한다면 반드시 정당한 비용을 지불해야 한다. 그래야만 시공 과정에서 정당한 요구를 할 수 있다. 무조건 싸게 하자는 마음은 내려놓고 다양한 곳에서 받은 견적을 바탕으로 시공 경험이 풍부한 업체를 선정해보자. 건축 과정에서 발생할 수 있는 불미스러운 일들을 사전에 방지할 수 있을 것이다.

친환경 소재로
고민하고 있다면?

이왕이면 원목이나 황토와 같은 친환경 소재로 집을 짓기를 희망하는 사람들이 많다. 그런데 친환경 소재로 집을 지으면 비용이 엄청나게 증가한다는 사실을 미리 인지해야 한다. 자재에 관한 상담을 받다 보면 업체 측에서 다양한 종류의 내외장재를 보여주는데, 대부분 자재의 기능성에 따라 가격 차이가 크다. 피톤치드를 내뿜는 편백나무로 내부 인테리어를 마감하거나, 습도 조절이 가능한 석재 타일을 사용하고, 방 한편을 황토방으로 꾸미는 경우가 그렇다.

하지만 전원생활을 준비하며 왜 집 안에 큰 돈을 쓰려 하는지 묻고 싶다. 당장 현관문을 열고 마당으로 나오면 온 사방이 나무와 돌, 황토와 같은 친환경 소재로 둘러싸여 있는데, 굳이 비싼 돈을 들여 집 안을 꾸며놓을 필요가 있을까?

차라리 집 밖에서 오랜 시간을 보낼 수 있도록 여러 가지 시설물을 만드는 데 예산을 쓰기를 추천한다. 불을 피워 바비큐를 할 수 있는 불터나 정자를 만들거나, 작은 연못을 파고 각종 유실수를 심거나 아이들이 놀기 좋은 놀이터를 만드는 데 투자한다면 어떨까? 어차피 자연과 더불어 재밌게 놀려고 시작하는 전원생활이니 만큼, 집 밖에서 오랜 시간을 보낼 수 있도록 계획하는 것이 후회가 없을 것이다.

물론 집안의 단열이나 채광, 통풍 등 기타 기능적인 부분에 대해서는 반드시 최상의 품질을 요하는 자재를 사용해야 할 것이다. 만약 예산 때문에 집의 디자인과 기능성 둘 중 한 가지를 선택해야 한다면 무조건 기능성을 선택해야 한다.

여기서 기능성이란 열효율을 말한다. 열효율이 높은 집은 기본적으로 냉난방비가 적게 들어가서 유지비를 크게 줄일 수 있다. 겨울철 각종 동파 사고 및 추위로 인한 불편함이 없어야 전원생활을 오랫동안 즐길 수 있기 때문이다.

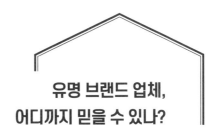

유명 브랜드 업체,
어디까지 믿을 수 있나?

전원주택을 짓기 전에 어디에 문의해야 할지 막막해지면 대부분 유명 브랜드 업체를 먼저 떠올린다. TV나 인터넷 광고를 통해 친숙해진 업체에 전화를 걸어 상담을 받아보는 것도 좋은 방법이다.

이런 업체는 대부분 원스톱*one stop* 서비스를 제공한다. 건축주가 설계회사와 토목회 등을 직접 알아보고 방문할 필요가 없다. 모두 알아서 배정을 해주고, 전담 매니저가 진행 상황을 건축주에게 일일이 보고하는 시스템이다. 건축주의 역할을 회사와 매니저가 대신 해주기 때문에 건축주는 신경 쓸 것이 많지 않다.

하지만 건축 비용이 상당히 비싼 편이다. 건축주가 직영으로 하거나 해당 지역의 로컬 업체에게 의뢰를 하는 방법에 비해 주택 시공 단가가 평당 최소 50만 원에서 100만 원가량 비쌀 것으로 예상된다. 이렇게 가격 차이가 큰 만큼 브랜드 업체에서는 하자 없는 시공 품질을 약속하고, 건축주가 최대한 신경 쓰지 않도록 여러 가지 편리한 시스템을 도입하여 운영하고 있다.

하지만 상황에 따라 건축주가 더 신경을 써야 하거나 비용 등의 문제로 업체와 마찰을 빚을 수도 있다. 업체를 무조건 믿고 맡기기보다 하나씩 꼼꼼하게 체크해야 한다. 지금부터 유명 브랜드 업체와의 건축 과정에서 문제가 될 수 있는 경우들을 알아보자.

브랜드 업체가 직영으로 시공하지 않는 경우

건축주가 브랜드 업체와 계약하더라도 실제로는 암암리에 현장 소장과 하도급 계약을 맺는 경우가 많다. 국내 건축법상 일괄 도급 계약은 위법이지만 서류상 직영으로 처리하면 법적인 문제없이 일을 위임할 수 있다. 문제는 건축주가 브랜드 업체의 평판을 고려해 신중하게 업체를 선정해도, 업체에서 일을 맡긴 현장 소장을 잘못 만나면 골치 아픈 일이 생길 수도 있다는 것이다.

물론 유명 브랜드 업체들은 브랜드 평판을 유지하기 위해서 건축주의 불만사항을 최대한 신속하게 처리해준다. 때문에 현장에서 벌어지는 부실 시공에 대한 문제는 계약의 당사자인 브랜드 업체에 항의하면 원만하게 해결할 수 있다.

하지만 부실 시공을 건축주가 직접 찾아내고 확인시켜야 한다. 또한 건축주가 현장에 소홀하게 되는 점을 악용해 여러 가지 눈속임이 벌어질 수도 있으니 주의해야 한다. 아무리 유명 브랜드 업체라고 해도 현장 관리에 반드시 신경을 써야 하는 이유다.

전담 매니저의 관리가 소홀한 경우

최근 중소업체 중에서도 건축주의 역할을 대신할 전담 매니저를 배정해서 건축주의 편의를 봐주는 곳이 많다. 하지만 전담 매니저가 한 곳의 현장만 담당하는 것이 아니라 동시에 여러 건축주를 상대하다 보니 제대로 신경을 쓰지 못하는 경우가 생긴다.

실제로 바닷가 전원주택을 지을 때도 담당 매니저가 시공 전에 설계 변경이 된 사항을 현장 소장에게 전달하지 않아 문제가 생기기도 했다. 결국 최초 설계대로 집이 시공되는 어처구니없는 일이 발생했다. 이런 문제를 발견하는 것도 모두 건축주의 몫이다. 나는 강력히 항의하여 업체 측의 실수임을 인정받아 비용을 줄일 수 있었다. 하지만 현장에서 이를 발견하지 못했다면 최초 설계 비용을 그대로 지불해야 했을 것이다.

세부 내역서를 교묘하게 조작하는 경우

초보 건축주는 자재나 수량, 면적 등 건축에 관련된 용어와 숫자에 완전히 무지한 상태이다. 때문에 집을 짓는 데 들어간 자재의 세부 내역서를 받으면 그대로 믿고 잔금을 지급하는 수밖에 없다. 이때 자재의 수량을 조금씩 늘려서 내역서를 조작한다고 해도 모르고 당할 수밖에 없는 것이 현실이다.

이런 문제를 방지하기 위해서 전문가에 최종 세부내역서를 감수받는 것이 좋다. 아니면 건축주가 해당 자재의 수량과 금액이 실제 현장과 일치하는지 하나하나 체크해야 한다. 참고로 나도 잔금을 치르기 전에 세부 내역서에서 지붕 면적이 잘못 계산된 것을 찾아내어 기와 값 400만 원을 극적으로 줄일 수 있었다.

건축 과정을 무조건
기록으로 남겨라

대부분의 건축주들은 현장에 방문할 때 '내가 봐서 무얼 알겠어?' 하는 마음으로 소장과 직원들에게 잘 부탁한다며 밥만 사주고 돌아오는 경우가 많다. 하지만 이 책을 접한 건축주라면 절대 빈손으로 돌아오면 안 된다는 사실을 명심하자.

많은 사람들이 알면서도 쉽게 간과하는 것이 바로 건축 과정의 기록이다. 무조건 현장의 기록을 남겨야 한다. 그것도 아주 꼼꼼하게 남겨야 한다. 크게는 기초 공사, 골조 공사, 단열 공사 등의 시점이 좋다. 현장은 최소 일주일에 한 번 이상으로 방문하고, 방문 시에는 반드시 스마트폰을 이용해 동영상으로 촬영하는 것이 좋다. 사진으로 기록하는 것은 제한적이기 때문이다. 최대한 많은 정보를 영상으로 남겨두자.

촬영을 할 때는 전체 현장은 기본이고, 건축 자재 위주로 기록해야 한다. 줄자를 들고 일일이 재어보는 것이 눈치보인다면, 자신의 손가락을 자재에 직접 맞대어 두께를 재는 영상을 반드시 남겨두자. 손가락 길이만 알면 자재의 두께까지 정확하게 알 수 있기 때문이다.

또 자재의 상표나 이름을 촬영해두면 좋다. 양질의 브랜드를 사용한다고 약속해놓고 저가의 불량 자재를 쓰는 경우도 많기 때문이다. 이 모든 것이 향후 발생할 수 있는 분쟁에 대비하는 것임을 분명히 알아야 한다.

건축주가 현장을 꼼꼼하게 영상으로 기록하는 모습은 현장 직원들에게 자극이 될 수 있다. 더 나아가 현장에서 건축주를 기만한 사기 행각이 벌어지지 않도록 돕는 안전장치가 될 수도 있다. 영상 촬영만 제대로 해도 당신의 전원주택 완성도는 높아질 것이다.

단열 작업 영상 촬영 필수!

+ 전원주택 건축의 최대 중점 사항은 단열 작업이다.
+ 비싼 자재를 사용하는 만큼 설계대로 사용하지 않는 방식으로 눈속임이 가능하다. 반드시 단열재의 두께와 시공 상태, 그리고 단열재의 이름까지 꼼꼼하게 영상으로 기록해야 한다.
+ 분쟁이 발생하면 민사 소송이 시작되는데, 건축주들이 대부분 패소하는 이유가 바로 이 기록이 없기 때문이다. 증거를 수집하기 위해서는 집을 모두 뜯어내야 하는데, 현실적으로 어렵다.

건축
과정을
기록해둔
모습

건축 사기
예방법

집을 짓는 많은 사람들이 건축 사기를 당하지 않을까 염려하면서도 사기꾼들의 다양한 수법에 속수무책으로 당하는 경우가 많다. 나는 다를 거라고 자신해서는 안 된다. 초보 건축주는 사기꾼들이 마음만 먹으면 쉽게 속을 수밖에 없다. 특히 대부분의 사기 행각들은 사기죄가 성립하지 않아 경찰이 나서서 체포하거나 구금할 수 없다. 법적인 제도가 아직까지 미흡하기 때문이다.

일단 사기를 당하고 나면 피해에 대한 금전적인 회복도 기대하기 힘들다. 사기꾼이 지인들을 이용해 자기 재산에 가압류를 걸어놓거나 파산 신청을 한 상태에서는 민사 소송에서 이겨도 보상금은커녕 오히려 변호사 수임료만 내야 하기 때문이다.

건축 사기는 예방밖에 답이 없다. 처음부터 철저하게 사기 당하지 않도록 준비해야 한다. 먼저 전문가들이 말하는 예방법을 하나씩 짚어보고, 이와 관련된 실제 건축 사기 사례를 유형별로 분석해보자.

무조건 낮은 견적을 제시하는 업체는 피하자

개인 업체에 맡길 경우 공정별 업체 마진을 줄이려고 직영방식으로 진행한다거나, 부가가치세 10퍼센트를 내지 않기 때문에 가격이 저렴하다는 식의 말에 속기 쉽다. 하지만 부가세는 국세이기 때문에 건축주가 지급한 만큼 업체가 다시 나라에 내야 하는 돈이다. 업체가 이윤으로 남기는 돈이 결코 아닌 것이다.

또한 부가세를 내려면 업체가 세금계산서를 발급해줘야 하는데 세금계산서는 국세청의 전산에 기록이 되기 때문에 세무적으로 훌륭한 증빙 자료가 될 수 있다. 따라서 부가세가 견적에 큰 영향을 끼친다는 오해는 하지 말아야 한다. 오히려 부가세를 이유로 지나치게 낮은 견적을 부른다면 상식선에서 미리 차단하는 것이 좋다.

업자와 업체의 재무 상태를 꼭 확인하자

업체가 사업자등록증을 보여주고 안심시켰다고 해도 알고 보면 이미 폐업된 상태일 수 있다. 국세청 홈페이지에 들어가면 사업자 번호 하나만으로 '사업자 휴폐업 조회'를 할 수 있으니 반드시 직접 확인해야 한다.

또한 주된 사업장에 고정된 사무실이 있는지 알아보자. 기왕이면 부동산 등기부등본을 발급해서 그 사무실의 소유권 여부도 확인해보는 것이 좋다. 주소만 있다면 누구나 등기부등본을 열람할 수 있고,

인터넷으로 발급받는 것은 5분도 걸리지 않으니 확인하는 게 안전하다. 건축 사기를 당한 한 피해자의 경우 길가에 이동식 컨테이너를 두고 영업하던 업자하고 계약을 했는데, 공사가 중단된 후 사무실에 찾아가보니 컨테이너가 통째로 사라지고 없는 경우도 있었다.

등기부등본을 보니 해당 건축업자 소유이긴 하나, 사업장에 온갖 가압류와 채권들이 잔뜩 설정되어 있다면 이 경우도 일단 피하는 것이 좋다. 사업을 하는 사람이라면 어느 정도의 부채는 가지고 있을 수 있지만, 지나치게 많은 경우 경계해서 나쁠 것은 없다. 전국에 좋은 업체들은 많다. 그러니 굳이 조금이라도 걸리는 것이 있는 업체와 계약할 필요는 없다.

할 수만 있다면 업자가 신용불량자인지 확인하는 것이 좋겠지만, 동의서 없이는 타인의 신용 정보를 조회할 수 없다. 의심스러운 경우 개별적으로 조심스럽게 협조를 요구하는 것도 방법이 될 것이다.

유명 브랜드 업체라고 무조건 믿지 말자

시공업체를 선정할 때는 그 회사가 지금까지 지은 전원주택을 참고하여 보면 된다. 그중 몇 곳은 직접 방문하여 건축 과정에서 별 문제는 없었는지, 준공 후 하자보수 이행기간 동안 AS는 잘 해주었는지 직접 확인하는 것이 좋다.

대형 브랜드 업체는 지역마다 정해진 현장 소장 중심 체제로 운영되기 때문에 업체가 내세우는 시공 사례를 참고하기보다 자신에게 배정되는 현장 소장의 시공 사례를 참조해야 한다.

계약 이전에 자신에게 배정될 현장 소장이 누구인지 문의하고, 그가 지은 집을 소개받아 직접 평판을 조사해보는 면밀함도 필요하다. 유명 브랜드 업체라고 무조건 믿지 말고 꼼꼼히 따져보아야 향후 발생할 분쟁을 사전에 막을 수 있다.

계약서는 최대한 꼼꼼하고 자세하게 확인하자

일단 계약 전에 건축주가 얼마나 꼼꼼한 사람인지 시공업자가 느낄 수 있도록 해야 한다. 당연히 계약서는 최대한 자세하게 써야 하며 '공사의 범위 및 공사의 내역' '하자보수' '시공 장소와 공사 일정' '공사비 산정과 지급 방법' '연체료 및 지체보상금' '계약 보증 및 해제' '위약금' 등의 내용까지 꼼꼼하게 명시해야 한다.

공사비도 단계별, 공정별로 지급하고, 추가 비용을 요청하면 작은 금액이라도 계약서대로 진행할 것을 강력하게 요청해야 한다. 물론 설계 변경 때문에 공사 중 발생한 금액일 경우에는 예외이다. 하지만 건축주 스스로 납득이 가지 않는 비용을 청구한다면 계약서를 근거로 강력하게 항의해야 함을 명심하자.

만약을 대비해 보증서 발급을 해두자

공사비가 비싸더라도 제대로 된 면허 사업자를 선정해서 건설공제 조합으로부터 선금 지급 보증서, 계약 이행 보증서, 하자 보증서 등을 받아두는 것이 안전하다.

선금 지급 보증서는 공사가 중단되더라도 미리 낸 선금을 돌려받을 수 있는 증서이다. 계약 이행 보증서는 계약금을 지불한 후 계약이 제대로 이행되지 않을 때 계약보증금을 돌려받을 수 있게 하고, 공사가 지체된다 하더라도 그 일수만큼 지체보상금을 받을 수 있게 하는 증서이다. 그리고 하자 보증서는 집을 완성하여 준공 허가가 나면 준공 후 2~3년까지 하자 보수 의무를 보증해주는 역할을 한다.

비록 건설공제조합에 추가로 보증서 발급 비용을 내야 하지만 건축 사기를 예방하고자 한다면 보증서 발급도 고려해볼 수 있다.

"눈뜨고 코 베어가는 세상"이란 말이 건축 시장만큼 제격인 곳도 없을 것이다. 전원주택을 짓는 데 수천 만원에서 수억 원이 들어가지만 금액이 어디에, 어떻게 쓰이는지 건축주는 전혀 알 길이 없기 때문이다. 지금도 인터넷 카페에서는 각종 피해 사례들이 끊임없이 소개되고 있다. 지금부터 소개하는 여러 가지 사례들은 최근 몇 년간 발생했던 사기 행각들 중에 자주 반복되는 사례를 중심으로 수집한 것이다. 예비 건축주라면 참고해두기 바란다.

유명 연예인을 이용한 홍보 유형

A업체는 2017년 초부터 지상파나 케이블 TV가 아닌 네이버 TV에 채널을 만들고, 홍보를 시작했다. 누구나 알만한 유명 연예인을 출연시킨 후 유명 건축가들이 저렴한 시공비로 집을 지어주거나 리모델링하는 과정을 보여주었다. 당연히 많은 시청자들로부터 신뢰를 얻

었고 수없이 많은 건축주들이 이 업체에 큰 건축을 맡기게 되었다.

이 채널을 즐겨보던 피해자 A씨도 2017년 3월에 채널의 운영 업체와 계약을 했다. 하지만 기초공사까지만 끝낸 상태에서 무려 1억 2천만 원을 지급해야 했다. 하지도 않은 공사에 대한 비용까지 먼저 지급해버린 것이다. 이후 1년이 지나 언론에 보도될 때까지 공사는 중단된 채 그대로 방치되고 있다.

이 업체로 인해 지금까지 확인된 피해자만 무려 40여 명, 피해액은 최소 수천만 원에서 많게는 수억 원에 달한다고 보도되었다. 알고 보니 이 업체는 처음부터 영상만 제작했다고 한다. 그리고 도급 계약을 통해 다른 시공사에게 건축을 의뢰한 것이다. 피해자가 업체에 보낸 돈도 시공사에겐 고작 5천만 원만 건네졌다고 한다. 그러니 하도받은 시공사는 당연히 공사를 중단시켰고, 대부분의 공사 현장도 이런 식으로 중단된 것이었다.

피해자들은 이 업체가 처음부터 건축할 의도가 없이 금전을 목적으로 상대를 기망했기에 사기 혐의로 경찰에 형사 고발을 했다. 하지만 영상 제작 업체의 대표는 일이 커지자 스스로 목숨을 끊었다.

만약 지상파나 케이블 TV에서 방영된 프로그램이었다면 방송국에 사전 검증의 의무가 있기 때문에, 어느 정도 책임을 나눌 수 있다. 그런데 이 경우에는 단순히 누구나 영상을 제작해 올릴 수 있는 1인 미디어 플랫폼을 이용했기에, 네이버 TV 측도 책임이 없다는 입장을 고수하고 있어 해결이 쉽지 않다.

돈을 더 안 주면 못한다고 하는 '배 째라' 유형

은퇴를 앞둔 B씨는 그동안 꿈꿔왔던 전원생활을 이루기 위해 경기도 모처에 200평의 땅을 구입하고 건축사무소를 통해 40평짜리 철근 콘크리트 구조의 아름다운 주택을 설계한 뒤 건축 허가까지 마쳤다. 시공업체만 찾으면 되는데, 대형 브랜드 업체의 비싼 견적을 받고 선뜻 진행하지 못하는 상황이었다.

그러던 중 사두었던 부지를 둘러보러 가다가 부지 근처 대로변에서 '전원주택 전문 건설회사'라는 간판을 발견하였다. 지나는 길이니 한번 물어나 보자 하는 마음에 문을 두드린 것이 화근이었다.

B씨는 마침 사무실에 있던 업체 사장을 만나 브랜드 업체들은 왜 그렇게 비싸냐며 하소연을 했다. 업체 사장은 친절하게도 그것이 현재 건축시장의 문제라며 잘 다독였다고 한다. 브랜드 업체들은 부가가치세도 따로 내야 하고, 현장도 직접 시공하는 것이 아닌 도급제라 중간에서 마진을 따로 많이 챙긴다고 했다. 하지만 자기한테 맡기면 실제 들어가는 자재비와 인건비, 장비비는 실비로 받고, 자기 몫으로 마진 10퍼센트만 받는 것으로 하겠다고 약속했다.

사장은 이 지역에 지은 집이 수십 채며, 가까운 곳에 있으니 하자 보수도 아무 때나 해주겠다면서 평당 350만 원을 제안했다. 평당 500만 원을 제시한 브랜드 업체와 비교하니 눈이 핑 돌았다. 어차피 설계는 끝났고, 그대로만 지으면 결과물은 모두 똑같을 테니 문제가 없다고 판단했다.

"10평짜리 데크도 서비스로 해주고, 향후 공사 중 발생하는 추가 공사비는 마진 없이 자재비와 인건비 실비만 받고 해줄게요. 그까짓 거 시원하게 서비스로 해드립니다."

쐐기를 박는 업체사장의 말에 B씨 부부는 혹했지만 한 번 더 확인해보기로 하고, 직접 지은 집들을 볼 수 있는지 물어보았다. 이에 업체사장은 흔쾌히 수락하며, 오늘은 바쁘니 내일 같이 현장을 돌아보자고 했다. 그리고 다음 날 이들은 사장의 차를 타고 길을 나서게 된다. 사장은 운전하면서 잘 지어진 집들이 보이면 모두 자기가 지었다고 가리키며 지나갔다. 그렇게 한참을 돌다 마지막으로 잘 지어진 집 앞에 차를 세웠다. 이 집을 구경하러 들어가는데 집주인도 반갑게 맞아주었고, 집도 B씨 부부가 원하는 대로 지어져 있었다. 여기서 이 부부는 더 이상 의심하지 않고 계약서에 도장을 찍게 된다.

그런데 계약서가 너무 단순했다. 구체적인 시공 내용과 책임의 범위 등은 명시하지 않고 단순하게, 계약금 3천만 원, 1차 중도금은 기초 완료 후 5천만 원, 2차 중도금은 골조 완료 후 5천만 원, 잔금 1천만 원은 준공승인 이후에 준다는 내용으로 계약서에 도장을 찍었다.

계약금은 바로 송금되었고, 공사도 며칠 후 바로 진행되었다. 많은 장비와 인부들이 들어와 땅을 파고 며칠 동안 기초 공사를 하는 모습을 보면서 부부는 집이 금방 지어질 것 같은 기대감에 잔뜩 부풀어 올랐다.

얼마 후 업체 사장은 기초 공사가 끝났다고 1차 중도금을 요청했고, 부부는 현장 확인도 안 하고 중도금 5천만 원을 송금해주었다. 그런데 문제가 발생했다. 갑자기 공사가 중단된 것이다. 현장에 방문해보니 완료되었다는 기초 공사는 엉망이었다. 철근은 대충 연결되어 있었고, 그 위에 콘크리만 부어놓은 식이었다.

업체 사장에게 연락을 했더니 그새 자재 값과 인건비가 올랐으니 계약대로 하기 어렵고 추가 비용을 내야만 해주겠다며 오히려 뻔뻔하게 돈을 더 요구를 했다. B씨는 당연히 거절했고 지속적으로 건축재개를 요구했지만, 결국 업체 사장은 그대로 사라졌다.

나중에 알고 보니 처음 구경하러 갔던 집의 주인은 사장과 단순한 친분만 있었던 사이였다. 전날 전화가 와서 그 집 인테리어가 이 지역에서 최고이니 구경 좀 해도 되겠냐고 사정을 해서 그냥 허락해주었을 뿐이라고 했다.

B씨는 며칠 동안 진을 치고 기다리다가 마침내 업체 사장을 찾았지만, 그는 오히려 '배 째라' 식이었다. 법대로 하라고 으름장을 놓기까지 했다. 자기는 할 만큼 했으니 돈을 더 내든지, 공사를 중단하든지 알아서 하라고 말이다.

이미 8천만 원을 송금한 B씨는 비로소 이것이 사기라는 사실을 깨닫고 경찰에 형사 고발을 하려다가 경찰로부터 참담한 답변을 받았다. 사기죄가 성립하기 위해서는 처음부터 공사를 할 의지가 없이 상대를 기망한 행위라는 것이 입증이 되어야 하는데, 이 경우에는 공사를 시작했기 때문에 처음부터 공사를 할 의지가 없었다는 것을 입증할 방법이 없다는 것이다. 공사 상태가 마음에 들지 않는다고 해서, 또는 시공 기간이 미뤄진다고 해서 사기죄로 수사할 수는 없었다.

결국 변호사를 찾아가 손해배상을 위한 민사 소송을 하려고 했지만, 업체 사장의 통장은 비어 있었고, 다른 재산은 모두 가압류 상태였다. 소송에 이기더라도 이미 설정된 다른 가압류의 순서에 밀려 피해액을 되찾을 가능성은 없다고 했다. 오히려 변호사 비용만 내야 하니 다시 한 번 잘 생각해보라는 변호사의 진심어린 조언을 듣고 깊은 실의에 빠지고 말았다.

감정에 호소하는 유형

피해자 C씨는 전원주택 건축을 준비하던 중 지인의 소개를 받아 한 업체를 방문하게 된다. 이 업체 사장 역시 다른 업체보다 상당히 낮은 견적을 제시했다. 성격이 꼼꼼한 C씨는 업체의 사업자등록증도 보고, 사장과 많은 대화를 나누며 믿을 만한 사람이라고 확신했다. 그리고 구체적인 시공 계획까지 세운 후 최종적으로 계약을 하게 되었다.

비용도 단계별로 촘촘하게 나누어 지급하기로 했다. 계약금 3천만 원이 건너갔고, 기초 공사가 마무리되었다. 그런데 1차 중도금 5천만 원을 추가로 보낸 후 골조 공사도 순조롭게 마무리되어갈 때쯤 갑자기 공사가 중단되었다.

C씨가 이 사실을 알았을 때 업체 사장한테 먼저 전화가 왔다.

"큰일났습니다. 다른 현장에서 일을 하다가 직원이 그만 크게 다쳐서 지금 사경을 헤매고 있습니다. 정신이 없네요. 정말 죄송한데 공사를 조금만 미뤄주시면 안 될까요?"

C씨는 사람이 다쳤다기에 크게 의심하지 않고 일단 기다려보기로 했다. 그런데 한 달이 가고 두 달이 지나도 공사 현장은 움직일 기미가 없었고, 화가 난 C씨가 업체 사장에게 전화를 하니 이번에도 울음 섞인 간절한 목소리로 사정을 했다.

"다친 직원에 대해서 보상을 하고 나니깐 수중에 돈이 다 떨어졌습니다. 일단 2차 중도금 5천만 원을 먼저 보내주면 그 돈으로 바로 공사를 시작하겠습니다. 어차피 다음 달에 다른 현장에서 돈이 들어오니 앞으로는 문제가 없을 것 같습니다."

C씨는 지인의 소개를 받은 것도 있고, 업체 사장의 상황도 딱하니 불쌍한 마음에 2차 중도금 5천만 원을 먼저 송금해주었다. 그리고 다행히 공사가 바로 시작되었다.

인부들이 와서 골조가 올라가고 창호도 들어오고 순조롭게 되는 줄 알았는데 갑자기 공사가 또 멈춰 버렸다. 그리고 더욱 기가 막힌 일이 터지게 되는데, 현장 인부들이 갑자기 그동안의 임금을 받으러 C씨를 찾아왔던 것이다.

알고 보니 업체 사장은 그동안 일을 시키고 임금을 주지 않은 채 연락 두절 상태였다. 심지어 인부들은 지금까지 일을 하도급 형식으로 받아서 자재 값도 자기들 주머니에서 나갔으니, 자재 값과 임금을 합쳐 3천만 원을 추가로 요구했다.

뒤늦게 사기임을 깨닫고 업체 사장을 찾았으나 연락은 두절되었고, 사업자등록증을 조회해보니 이미 예전에 폐업된 상태였다. 서둘러 경찰을 찾았으나 사기죄를 증명하기가 어렵다는 답변을 받았다. 설상가상으로 하도 받은 인부들이 유치권을 주장하며 돈을 받을 때까지 공사 현장을 점유하겠다고 천막을 치고 아예 주저앉아버렸다.

결국 C씨는 변호사를 사서 민사 소송을 걸었으나 피해액은 이미 눈덩이처럼 불어난 상태였다. 그 업체를 소개시켜준 지인도 친한 사이는 아니라며 사과하길래 더 이상 따질 수도 없었다고 한다.

동네 터줏대감 유형

D씨는 전원생활의 기대감에 부풀어 집을 지을 땅을 알아보던 중, 드디어 마음에 딱 드는 땅을 구입하게 되었다. 그런데 골치 아픈 일이 바로 벌어졌다. 땅을 구입하고 해당 부지에 방문할 때마다 같은 동네 건넛집 남자가 자꾸 참견을 하기 시작하는 것이었다.

집을 어디에 어떻게 지을 거냐, 토목 공사는 어떻게 할 거냐, 축대는 어떻게 쌓고 담장은 어떻게 할 거냐, 하고 일일이 간섭을 하기 시작했다. 그러더니 이 동네 사람들은 이런 일이 있으면 모두 자기에게 맡기는데 알아서 싸게 해줄 테니 얼마를 생각하냐며 본격적으로 본심을 드러내기 시작했다.

D씨는 땅도 이미 샀고 앞으로 이곳에 정착해서 살아야 했기 때문에 최대한 좋게 넘어가기로 결심했다. 토목 공사만 그에게 맡기기로 결정을 내렸더니 그는 상당히 기뻐했다. 비로소 자신을 동네의 일원으로 받아들이는 듯했고, 기분 좋게 식사도 하며 친분을 쌓는 시간도 가졌다.

그런데 문제는 바로 그 다음에 터졌다. 구체적인 계약서는 작성하지도 않았는데, 부지에 포크레인이 터파기 작업을 시작했고, 여기저기 축대 쌓을 돌도 들어와 있었다. 그제야 무언가 잘못되었다는 것을 깨달은 D씨가 다급하게 계약서를 작성하자고 요구했다. 하지만 그는 계약금 천만 원만 입금하고 나머지는 그때그때 주면 된다며 뻔뻔하게 공사를 진행했다.

이후 일은 뻔했다. 일주일 만에 끝난다는 토목공사는 보름이 다 되도록 끝나질 않았고, 들어간 돈은 2천만 원을 넘어섰다. 문제는 현장의 인부들이 모두 동네 사람들이자 그의 친인척들이라 뭐라 할 수도 없었다고 한다. 게다가 토목 공사에 필요하다고 구입한 자재들은 조금씩 동네의 다른 작업 현장에서 쓰이고 있었다.

D씨는 사기 당했음을 깨닫고 크게 화를 내며 따졌지만 돌아오는 것은 적반하장의 횡포뿐이었다. 결국 토목 공사 단계에서 건축은 멈춰버렸고, D씨는 모든 것을 포기하고 전원생활의 꿈을 접고 말았다.

사업자등록증이 없는 개인 유형

은퇴를 하고 고향에 내려가 집을 짓고 살겠다고 결심을 한 E씨는 지인으로부터 한 업자를 소개받았다. 그런데 이 업자는 눈이 휙 돌아갈 정도로 낮은 견적을 불렀다. 이유인즉슨, 특정 회사 소속이 아니고 현장 소장이기 때문에 유지비가 나가지 않는다는 것이었다. 자신이 그동안 쌓아온 신뢰와 평판으로 일을 맡고 있고, 같이 일하는 사람도 전문적인 팀으로 움직인다고 설명했다. 게다가 자신은 사업자등록증이 없기 때문에 건축주가 직영으로 공사하는 것으로 허가를 받아야 부가세 10퍼센트를 아낄 수 있다고 조언까지 해주었다. 대신에 자기가 세금 문제로 복잡하니 아내 명의 통장으로 공사비를 입금해주면 된다고 했다.

E씨는 이미 직영으로 집을 지으면 상당한 비용을 절감할 수 있다는 얘기를 들었기 때문에 신뢰가 갔다. 그래서 업자가 지었다는 건물을 방문하며 평판을 조사했다. 집주인으로부터 긍정적인 답변을 받고는 더 이상 망설이지 않고 시공을 맡기게 된다.

건축은 늘 그렇듯이 처음엔 순조롭게 진행되었다. 하지만 계약금과 중도금 1억 2천만 원이 넘어간 뒤 갑자기 공사가 멈춰버렸다. 공사는 20퍼센트 정도 진행되었고 비용은 60퍼센트가 지불된 상황이었다. 그런데 업자는 돈이 없어서 공사를 진행할 수 없다고 했다. 자재비가 올라서 그런 것도 아니고 직원이 다쳐서도 아니고, 진짜 돈이 없다고

한다. 알고 보니 이 사람은 신용불량자였다. E씨가 보낸 돈은 자신의
생활비, 운영비, 각종 유흥비에 이미 다 써버린 상태였다. 아내 명의
라는 통장도 일종의 대포통장이었고, 그마저도 잔고가 없었다.

지금까지 완성한 건물들은 모두 돌려막기해서 간신히 완공시킨 집
이었다. 그렇게 돌려막기를 반복하다가 다음 계약자를 찾지 못했고,
E씨를 만나 결국 터져버리고만 것이었다. 개인이라 보증보험도 안
들었고, 어떠한 사전적인 방비 대책도 세우지 않고 시작한 E씨는 막
막하기만 했다.

업자는 사과를 하면서, 한 번만 더 자기를 믿고 나머지 40퍼센트 중
도금과 잔금을 모두 땡겨주면 책임지고 집을 완성하겠다고 했다. E
씨는 고민 끝에 이 사람이 그동안 완공시킨 건물들을 믿고 계속 진행
하기로 했다. 대신 이번엔 자재비와 인건비 모두 직접 지급하겠다는
약속을 했다.

그런데 E씨는 건축에 대해서 문외한이었다. 업자가 자재를 사야 하
니 돈을 달라고 할 때마다 조금씩 부쳐줬는데, 그러다 보니 어느덧
중도금과 잔금으로 준비한 8천만 원이 모두 소진되었고, 건물은 아
직도 뼈대만 앙상하게 남은 상태로 방치되어 있었다.

화가 난 E씨는 경찰서에 가보았지만 경찰은 죄가 성립되지 않는다
고 돌려보냈다. 민사 소송을 위해 변호사를 방문했지만 업자가 신용
불량자라 민사 소송에서 이겨도 돈을 돌려받을 방법이 없다는 답변
만 듣고 돌아왔다.

종교인 사칭 유형

이 사례는 몇 년 전 MBC 프로그램인 〈리얼스토리 눈〉에서 소개된 내용이다. 방송에 따르면 목사를 사칭하고 다닌 사기꾼한테 전국적으로 수없이 많은 피해자가 당했다고 한다. 피해 수법도 모두 동일했다. 인터넷에 전원주택 건축을 문의하는 글을 올리면 자신을 교회 목사라고 소개하는 사람한테 연락이 왔다고 한다. 그리고 시세보다 훨씬 저렴한 비용으로 친환경적인 공법의 전원주택을 지어주겠다고 꼬드겼다.

이렇게 보면 누가 이 속임수에 넘어가겠나 하겠지만, 신앙을 앞세운 사기꾼의 말에 의심의 장벽을 스스로 무너뜨린 많은 피해자들이 결국 꼬임에 넘어갈 수밖에 없었다고 한다. 큰 피해를 입고 뒤늦게 형사 및 민사 소송을 동시에 진행했지만, 증거 불충분으로 형사 소송에서 패소했다. 민사 소송은 승소했지만 이미 오래 전에 파산신고가 되어 있던 사기꾼에게서는 한 푼의 피해보상금도 받지 못했다고 한다. 이 사기꾼은 이후로도 계속 사업체 이름을 바꿔가면서 건축 사업을 이어갔다. 지금도 어디선가 계속 사기행각을 벌이고 있을 수도 있다.

지난 2017년 12월 초, 언론에서 제주도 분양 사기에 대해서 대대적으로 보도한 적이 있었다. 사건의 개요는 이렇다. 제주도 서귀포 일대에서 실제로는 개발이 불가능한 땅임에도 불구하고 마치 개발이 곧 될 것처럼 속여서 판매한 일당이 검거되었다는 내용이었다.

최근 2018년 5월에 보도된 뉴스에 따르면, 경기도 고양시 일대에서도 한 전원주택 단지가 분양되었다. 전원주택 건축이 완공되고 잔금까지 모두 치르고 나서 계약자들이 입주를 했는데, 완공된 건물임에도 준공승인이 나지 않았다고 한다. 당연히 소유권이전 등기도 할 수 없었다.

화가 난 입주자들이 해당 관청에 항의를 해보니 돌아오는 답변은 참으로 놀라웠다. 해당 부지는 처음부터 건축허가도 받지 않은 상태였다고 했다. 게다가 토지도 대지로 바꿀 수 없는 부지였다. 한마디로 개발이 불가능한 땅을 분양해서 집까지 완공시킨 것이었다.

피해자들은 현재 불법 건축물에 입주한 상태여서 강제이행금을 부과

받았다. 게다가 실제 건물을 지은 하청업체도 분양업자로부터 공사비를 받지 못해 공사 현장을 점거하고 유치권을 행사하고 있어 문제는 심각한 수준이라는 내용이다.

이러한 분양 사기 행각들을 조사해보면 공통된 특징이 있다. 모두 사기꾼들이 하는 말만 믿었지 분양받는 토지에 대한 정보는 직접 검증하지 않았다. 현장만 방문해서 보고 실제 건축을 할 수 있는지 여부는 직접 확인하지 않아서 속은 경우다.

**개발이
불가능한
토지 분양 사기**

+ 도로가 없는 맹지
+ 대지로 바꿀 수 없는 개발제한구역
+ 처음부터 분양업자가 매입하지 못한 토지
+ 처음부터 개별등기가 안 되는 토지
+ 처음부터 건축허가도 받지 않고 몰래 집을 지은 경우
+ 위조된 주민등록증과 등기부등본을 믿은 경우

앞서 설명한 제주도 서귀포 일대의 1000억 원대 분양사기도 마찬가지였다. 사기꾼들은 당연하다는 듯이 피해자들을 현장에 데려가서 당당하게 보여줬다. 실제로 가보니 투자할 땅 바로 옆에 대규모 공원 개발이 진행되고 있었고, 그 옆으로 큰 도로까지 나 있어서 의심할 여지가 없었다고 한다.

당장이라도 개발이 될 것처럼 보이는 땅에, 혹시라도 잘못될 경우 업체가 책임진다는 확답까지 받았으니 더 이상 의심을 하지 않았던 것이다. 게다가 기획부동산에서는 일부 투자자들이 제주도 관청에 직접 문의할 것을 대비해서 이렇게 말했다고 한다.

"공무원들은 원래 잘 모릅니다. 투자자들이 매번 전화하면 투기를 막으려고 일부러 '아니다'라고만 대답할 거예요. 그러니 해당기관에 문의할 필요 없습니다."

개발이 가능한지 아닌지 확인하려면 무조건 관공서와 지역 설계사무소에 가서 비교해봐야 한다. 해당 지번의 등기부등본을 직접 발급받고, 지적도와 현장과의 괴리는 없는지 직접 확인해야 한다. 기획부동산에서 등기부등본을 위조할 수 있기 때문이다. 지적도와 위성지도를 통해 알아본 현장과 실제 방문한 현장이 차이가 있다면, 그것은 사기가 분명하다.

또한 해당 부지의 개발 가능 여부를 직접 확인해야 한다. 인터넷에 '토지 이용 규제 정보 서비스'를 검색하고, 첫 화면에 지번만 입력하면, 해당 부지의 개발 가능 여부에 관한 정보를 볼 수 있다.

"현장 방문은 필수, 개발 가능 여부는 직접 확인해야 한다."

분양사기
예방법 ❷

기획부동산은 큰 땅덩어리를 사서 바둑판처럼 쪼개는 필지 분할을 한다. 그 후 각각의 분할된 필지를 투자자들에게 판매하는 방식이다. 이렇게 하나의 필지를 너무 잘게 쪼개면 행정상의 복잡한 문제도 발생할 뿐만 아니라, 기획부동산의 사기 행각에 이용될 수 있다. 그래서 법으로 분할할 수 있는 필지의 크기를 제한해두었다. 농지법에 따르면 최소 600평까지인데 지방 자치단체 조례를 제정해서 직접 크기를 제한하는 경우도 있다.

하지만 이렇게 제한된 토지도 또 다시 쪼개서 팔 수가 있다. 쪼갠 필지에 지번이 부여되지 않아도 전체 필지를 일정 비율로 나누고 그 소유권을 넘기는 방법인데, 그것이 바로 '지분등기'이다.

사람들은 소유권 등기를 해준다고 하면 안심하고 쉽게 믿는 편인데, 이 소유권을 지정해주는 등기에도 종류가 여러 가지가 있으니 확인해야 한다.

개별등기

개별등기란 분할된 필지를 온전히 한 사람의 이름으로 구입하여 소유권, 재산권 등의 권리행사를 독립적으로 할 수 있는 것을 의미한다. 예를 들어 총 600평의 전원주택 단지 중에서 60평의 토지를 구매할 때, 정확한 경계가 그어져 있고 온전하게 지번이 부과되어 있다면 그 토지에는 개별등기가 되어 있어야 한다. 우리가 알고 있는 보통의 소유권 등기가 바로 개별등기다. 개별등기가 가능한 땅에만 소유권자가 독립적으로 건축 및 개발행위를 할 수 있음을 명심해야 한다.

전 1-7	전 1-8	전 1-9	전 1-10
전 1-2	전 1-4		전 1-6
전 1-1	전 1-3		전 1-5

└ 지번 있음, 건축 가능

지분등기

지분등기란 필지 하나에 여러 명의 개인이 지분을 가지고 있는 것을 의미하며 내가 가진 지분만큼 재산권을 행사할 수 있다. 예를 들어 농지법에 따라서 하나의 필지가 최소 단위인 600평으로 분할되었나고 가정해보자. 이때 필지를 10명이 60평씩 나누어서 소유한다면 10퍼센트씩 지분등기가 되는 것이다.

이 지분등기는 언제든지 타인에게 매도할 수 있지만, 지분등기만 가지고는 내 맘대로 건축 및 개발 행위를 할 수 없다. 건축 행위를 하기 위해서는 나머지 지분자들의 동의가 꼭 필요하다. 위에서 언급한대로 농지법에 따라 최소 단위인 600평으로 분할된 필지를 개별등기로 또다시 쪼개서 판매하는 것은 불가능하다. 다만 지분등기로 나눠서 판매하는 것은 가능한데, 수없이 많은 사기행위가 바로 이점을 노리고 벌어지게 되는 것이다.

└ 지번 없음, 동의 없이는 건축 불가

공동등기

지분등기와 구성방식은 거의 동일하다. 하지만 재산권을 행사하기 위해서는 나머지 공동 소유자들의 동의가 반드시 필요하다. 개별등기와 지분등기는 언제든지 소유권자가 마음대로 매도가 가능하지만 공동 등기는 공동 소유자들의 동의 없이는 마음대로 팔 수 없다.

등기부등본을 보면, 공동등기는 첫 번째 장에 공동 소유자의 이름이 모두 명시되지만, 지분등기는 지분으로 구입한 본인의 이름만 명시되는 차이점도 있다.

문제는 지분등기에서 터진다

앞서 설명한 대로 온전하게 소유권이 이전되어 마음대로 건축 행위를 할 수 있는 등기는 개별등기뿐이다. 하지만 기획부동산에서는 지분등기로 독립적인 건축행위가 불가능하다는 점을 설명해주지 않는다. 소유권이 이전되어 매매가 자유로우니 문제 없다는 식이다.

개별등기가 안 되는 땅임에도 불구하고 지분등기를 먼저 하면 개별등기는 나중에 해주겠다며 투자자를 현혹시키는 경우가 많다. 거듭 강조하지만 필지가 분할된 땅이라면 반드시 개별등기된 땅인지 꼭 확인해야 한다.

물론 지분등기도 나머지 지분권자들의 동의를 얻으면 건축 행위를 할 수도 있다. 문제는 지분만 있지 내 땅의 위치가 어디인지는 아무도 모른다는 것이다. 이런 이유로 각각의 투자자들은 서로 자기가 좋은 땅을 차지하겠다고 싸울 것이 분명하다. 그리고 한 번 다툼이 발생하면 그 땅에 집을 짓기란 사실상 불가능하게 된다.

땅을 구입할 당시에 지분 소유자들과 공동으로 위치 지정을 하고 공증을 받는다면 이런 싸움은 사전에 막을 수 있겠지만, 사례를 찾아보기 힘들다는 게 문제다. 지분등기와 공동등기란 말이 나오면 가급적 피하고, 개별등기가 되어 있는 땅인지 꼭 확인하자.

분양사기
예방법 ❸

주민등록증 진위 여부 확인하기

위조한 주민등록증으로 토지 소유주를 사칭한 사례도 있다. 토지 소유주 당사자를 직접 확인하지 않고, 단순히 사기꾼이 보여준 서류만보고 믿은 결과다. 제시된 서류는 반드시 하나하나 진위 여부를 확인해야 한다.

먼저 등기부등본을 직접 발급받아 등본상의 소유권자 이름과 주민번호 앞자리를 확인한 후 업자가 제시한 주민등록증의 인물과 동일인인지를 비교한다. 주민등록증의 진위 여부는 '민원24' 앱을 통해확인할 수 있다. 또 ARS 전화번호 '1382번'으로 전화를 해서 음성안내에 따라 주민등록번호와 발급일자 등의 숫자를 입력하면 해당 신분증이 진짜인지도 알아볼 수 있다. 물론 진짜 신분증을 훔치거나 도용할 수도 있으니 면밀하게 조사해야 한다.

토지 소유주의 인감증명서와 위임장 확인하기

토지 소유주의 위임장을 받아 대신 사업을 시행한다고 속이고, 인감 도장이 찍힌 위임장과 인감증명서를 위조할 수도 있다. 만약 토지 소유주의 위임장을 받아 대리인 신분으로 계약을 하려 한다면 반드시 소유주의 인감증명서와 위임장, 대리인 신분증을 꼭 받아놓고 진위 여부를 확인해야 한다. 인감증명서는 대법원 홈페이지나 해당 주민센터에 전화해서 발급 날짜와 기타 정보를 알려주면 발급 사실을 알려준다.

보통 인감증명서를 위조해서 대리인임을 주장하는 사기꾼들은 토지 소유주와 그 자리에서 바로 전화로 연결시켜주면서 믿게끔 만드는데, 통화 상대방이 실제 소유주인지는 절대 알 수 없으니 쉽게 믿어서는 안 된다. 반드시 인감증명서 발급 여부를 해당 주민센터에 문의해야 한다. 가급적이면 토지 소유주가 아닌 대리인과의 거래 자체를 피하는 것이 좋겠다.

소유주 명의 계좌로 송금하기

분양 사기를 피하려면 반드시 토지 소유주 당사자와 계약하고, 소유주 명의 계좌로 돈을 송금해야 한다. 수없이 많은 분양 사기 사례를 보면 토지 소유주가 아닌 분양업체, 혹은 사업 시행사와 계약해서 피해를 입은 경우가 많다.

혹시라도 대리인임을 주장하며 다른 사람 명의의 계좌에 입금시켜 달라는 경우 절대 송금하면 안 된다. 사기꾼들은 '해당 부지가 어머니 명의인데 연로하셔서 대신 팔아주는 것'이라는 내용의 거짓말을 많이 한다. 하지만 소유주와 가족이나 친인척 관계임을 내세우며 자신의 명의로 돈을 보내라는 말은 절대 믿으면 안 된다. 대리인 명의 통장으로 돈이 건너가는 순간 그 돈은 사실상 돌려받기 어렵다는 것을 꼭 명심하자.

공인중개사를 통해 거래하기

토지 소유주가 직거래를 통해 부동산 수수료를 아끼자고 해도 공인중개사를 통해 거래를 하는 것이 좋다. 그래야 문제가 터져도 공인중개사를 통해 책임을 물을 수 있고, 피해를 최소화시킬 수 있다.

상대적으로 적은 수수료를 아끼려다 평생 모은 거액을 날릴 수 있으니 조심해야 한다. 공인 중개사들은 모두 중개 사고에 대비해 보험을 들어놓는 등, 대비책이 마련되어 있으니 가급적 안전하게 거래하도록 하자.

내가 집을 짓고
후회하는 것들

비싼 물건은 일단 살아보고 필요할 때 사자

전원생활을 준비하는 많은 사람들이 집안에 벽난로 하나쯤은 들여놓는 것을 로망으로 하고 있다. 나처럼 말이다. 나도 집을 지으면 당연히 벽난로를 설치해야 한다고 생각했다. 한겨울에 벽난로 앞에 온 가족이 모여 있는 장면을 꿈꿔왔다.

하지만 실상은 전혀 그렇지 않았다. 귀찮아서 사용을 안 한 것이 아니라, 사용할 일이 없었던 것이다. 물론 벽난로 덕분에 저렴한 난방비로 겨울을 따뜻하게 나고 있다는 사람들도 많다. 벽난로는 최고의 효율을 가진 매우 유용한 보조 난방 기구이기 때문이다. 하지만 나에게만큼은 꼭 필요한 기구가 아니었다.

중남부 지역의 특성상 겨울철 온도가 북부 지역보다 훨씬 온화했다. 또한 천장이 낮고 단열이 잘 된 집에서는 주 난방인 보일러만 틀어도 충분했다.

그러니까 벽난로는 처음부터 우리 집엔 필요가 없는 물품이었던 것이다. 왜 살아보지도 않고 처음부터 고가의 보조 난방기구를 샀는지 후회만 남을 뿐이었다. 참고로 우리 집 벽난로는 연통과 설치까지 포함하여 약 500만 원이 소요되었다. 지금 나는 500만 원짜리 수백 킬로그램의 육중한 장식품을 사놓고 후회하고 있는 것이다.

전원생활에 필요한 여러 가지 용품들은 말 그대로 '필요할 때 사는 것'을 추천한다. 군이 처음부터 완벽하게 세팅을 하고 시작할 필요는 없다. 무엇이든 로망보다는 필요에 의해 구입하기를 적극 권장하는 바이다.

거실에
자리한
벽난로

처음부터 부지의 면적을 최대한 확보하자

토지를 보러다닐 때 참고하는 대부분의 체크리스트에서는 네모반듯한 평지를 찾으라고 강조한다. 그런데 과연 시골에서 그런 부지를 땅을 찾을 수 있을까? 아마 구획정리를 끝낸 논이 아니면 어려울 것이다. 처음부터 예쁘게 생긴 부지들은 대부분 분양업자들이 바둑판 모양으로 쪼개 만든 곳들이다. 이런 곳은 부지가 작은데도 가격이 꽤 비싼 편이다.

내가 집을 지은 부지도 네모반듯한 평지는 아니었다. 길쭉하고 끝은 뾰족하며 산 밑을 따라 경사까지 있어서 소개하는 중개인도 그리 적극적이지 않았다. 하지만 그만큼 가격이 서렴했고, 토목 공사를 마치면 꽤 쓸 만한 부지가 될 거라는 확신이 섰다.

하지만 막상 토목 공사에 들어가고 보니 비용이 만만치가 않았다. 특히 경사면을 평탄화하는 작업에서 중대한 기로에 놓였다. 산에서 깎은 흙을 쌓아 평평하게 작업한 후, 경사면에는 수직으로 축대를 쌓아 올려 부지 면적을 최대한 확보하는 방법이 있었다. 하지만 비용이 너무 많이 들었다.

결국 비용 절감을 위해 축대를 포기했고, 사용할 수 있는 면적도 줄어들었다. 몇 년이 지나고 나니 이 부분이 가장 큰 아쉬움으로 남는다. 안쪽으로 펜스를 치고 잔디를 깔아서 뒤늦게 축대 작업을 하자니 처음보다 훨씬 더 많은 비용이 들었다.

결국 경사면으로 버려진 내 소유의 땅은 고스란히 칡과 환삼덩굴, 그리고 이름 모를 잡초들이 차지했고, 해마다 정원을 사수하느라 일은 두 배로 늘어났다. 아, 그때 무리를 해서라도 축대를 쌓아서 땅을 최대한 넓혔어야 했다!

실제로 집을 짓다 보면 이런 일들이 비일비재하다. 분명 지적도나 등기부등본상에는 200평이라고 되어 있는데 막상 현장에 가보면 체감하는 면적은 150평도 안 될 때가 많다. 대부분 부정형의 모난 부지들이어서 공사 과정에서 꽤 많은 면적을 포기할 수밖에 없는 상황에 놓이게 된다.

그래도 처음에 무리를 해서라도 패인 곳은 메우고, 경사진 곳은 깎고 보완하는 것이 좋다. 이웃과 서로 요철처럼 맞물려 있다면 동일한 면적을 교환해서라도 서로 도움이 되는 방안을 강구하길 바란다.

집을 다 짓고 난 후에 포기한 부지의 경계를 찾겠다고 손을 대다가는 비용도 만만치 않게 들고 이웃 간 다툼의 소지도 발생하게 된다. 그러므로 반드시 초반에 면적을 최대한으로 확보하는 것이 좋다.

집을 배치할 때 정화조의 위치까지 고려하자

주택에 연결되는 관은 총 세 가지가 있다. 첫 번째는 상수도관, 두 번째는 하수관, 세 번째는 오수관이다. 상수도관은 수돗물이 흐르는 관이고, 하수관은 부엌의 싱크대나 욕실의 세면대와 연결된 관이다. 그리고 오수관은 바로 화장실 변기와 연결된 관인데, 도시와 달리 대부분의 시골에는 이 오수관이 없다. 그래서 필요한 것이 바로 정화조이다. 정화조는 변기에서 흘러나오는 배변을 첫 번째 수조에 모아 침전시키고, 그 위의 오수가 다시 두 번째 수조로 들어가 재차 침전되면, 마지막으로 위의 맑은 물이 하수관이나 구거로 흘러드는 원리이다.

그런데 내가 집을 지을 당시 아무도 내게 정화조를 어디 묻어야 하는지 알려 주지 않았다. 건축사와 설계 미팅을 할 때도 집의 구조와 평면도, 외관에 대해서만 논의했다. 그래서 이 정화조의 위치가 얼마나 중요한지 전혀 인식하지 못했다.
집을 다 짓고 창고까지 완성한 후에야 정화조를 묻을 자리를 찾았다. 남은 곳은 취미활동을 하려고 야심차게 계획한 창고 앞 공터뿐이었다. 만약 처음부터 이를 고려했더라면, 창고를 조금 앞으로 빼고 창고의 뒤쪽에 정화조를 묻었을 것이다. 하지만 이미 창고까지 모두 완공된 후였고, 나의 야심찬 취미 공간은 정화조와 환기배관의 차지가 되어버렸다.

정화조 근처에는 언제나 구수한 냄새가 진동을 하고, 한겨울 빼고 모기가 극성이니 이 공터를 회생시키는 것은 일찌감치 포기한 상태다. 왜 아무도 알려 주지 않았을까 하는 아쉬움만 남아 있다. 건축주가 건축업체에 비용을 지불하는 데는 이런 정보도 챙겨주길 기대하는 이유도 있다. 추후에 아쉬운 상황이 생기지 않도록 건축업계에서 미리 알아둘 사항들에 관해 세세하게 정리해준다면 큰 도움이 될 것이다.

창고 앞 정화조의 모습

파쇄석을 깔 때 부직포나 잡초 매트를 먼저 덮어두자

정화조가 묻힌 창고 앞 공터는 흙바닥이라서 비만 오면 질퍽해지고 잡초가 뒤덮일 것이 뻔했다. 그래서 조경팀과 상의한 끝에 찾은 가장 좋은(저렴한) 방법은 바로 파쇄석을 까는 것이었다.

하지만 파쇄석을 약 5센티미터가량 깔아둔 지 2년 만에 잡초가 올라오기 시작했다. 비가 오면 배수가 되지 않은 흙이 물을 머금고 질퍽해졌고, 파쇄석과 함께 서로 섞이기 시작했다. 가뜩이나 정화조 때문에 악취와 모기가 기승인데 설상가상으로 잡초 때문에 골머리를 썩기 시작했다.

잔디밭이야 기계로 그냥 밀어버리면 되지만 이 공터는 달랐다. 파쇄석이 기계의 날에 부딪혀 기계도 망가지고 사람도 다칠 수 있었다. 아이들이 매번 이 공터의 작은 돌멩이를 가지고 놀아서 제초제도 쓸 수 없었다. 결국 해마다 코 막고 헌혈해가며 일일이 손으로 제초 작업을 하는 번거로움을 반복하고 있다.

나중에 알고 보니 파쇄석을 깔기 전에 부직포나 제초매트를 먼저 깔아서 덮어버리면 잡초가 올라오질 않는다고 한다. 왜 늘 이런 정보는 나중에 접하게 되는 것인지…. 이미 파쇄석은 흙과 뒤엉켜버렸고, 걷어내고 다시 깔 수도 없는 상황이 되었다. 당시 조경팀 역시 이런 경우를 예측하지는 못했겠지만 그럼에도 불구하고 아쉬움은 크다.

창고 앞
제초작업

전원주택 구매를 위한
99가지 체크리스트

전원생활을 즐기기 위한 다양한 콘텐츠가 정해졌다면, 그 다음 순서는 콘텐츠에 맞는 부지와 집을 고르는 일이다. 사실 나만의 콘텐츠에 최적화된 집을 새로 건축하는 방법이 가장 좋겠지만 많은 예산이 소요된다. 그에 비해 전원주택은 아파트와 달리 빠르게 감가상각되기 때문에 향후 매매할 경우 건축비 대비 매도가가 크게 낮아져 손해를 볼 가능성이 높다. 무엇보다 건축 과정에서 겪는 정신적 스트레스까지 감안하면 신규 건축보다는 이미 지어진 집을 고르는 것도 좋은 방법이 될 수 있다.

그런데 이미 지어진 전원주택 매물을 인터넷에서 찾다 보면 집을 파는 이유가 대부분 비슷한 것이 많다.
"집주인이 직접 살려고 지은 집인데 갑자기 이민을 가게 되어서 아깝지만 팝니다."
"집주인이 직접 살려고 지은 집인데 갑자기 자금사정이 악화되어 아깝지만 팝니다.”

"집주인이 부모님을 위해 지은 집인데, 부모님이 서울에서 안 내려와서 팝니다.”

"집주인이 몸이 안 좋아 요양을 하려고 잘 지었는데, 직장 때문에 팝니다.”

모두 집주인이 직접 살려고 지은 집이라 좋은 자재를 썼지만 여러가지 이유로 헐값에 판다는 내용이다. 도대체 어디까지 믿어야 할까? 집을 고르기 전에는 여러 가지 불안감에 휩싸이는 것이 사실이다.

국내에는 아직까지 좋은 전원주택을 고르는 체계화된 체크리스트가 정립되어 있지 않다. 부동산 중개인이 매매계약을 위해 알려주는 최소한의 정보만으로 선택을 강요당하는 경우가 대부분이다.

부동산 매매계약서 외에 공인중개사가 작성하는 '부동산 현재 상태표'를 보면, 주변 편의시설과 집의 상태는 양호한지 체크하는 게 전부이다. 하지만 그조차도 매수자가 꼼꼼하게 확인해서 체크하는 것이 아니다. 중개인과 함께 매물을 둘러보면 "양호하죠?" 하는 식으로 얼렁뚱땅 넘어가는 경우가 많다.

과연 거액을 들여 전원주택을 매수하는 사람들은 몇 시간 동안 집을 점검할까? 아마 20분도 채 안 될 것이다. 그것도 공인중개사만 졸졸 따라다니며 일방적인 설명만 듣고 끝나는 게 전부다.

중개인의 말만 믿고 입주를 했는데, 보일러가 제대로 돌아가지 않거나, 오래된 누수로 인해 천장이 썩어 있거나, 옆집과의 분쟁이 많은 집이거나, 정남향이라고 했는데 알고 보니 서향이었다는 등 어처구니 없는 일까지 발생하고 있다.

전원주택을 매수하려면 엄청난 거액이 들어감에도 불구하고 왜 매수자들은 오랜 시간을 들여 꼼꼼하게 확인하지 않는 것일까?

가장 큰 이유는 매수자들이 주택의 어떤 부분을 어떻게 체크해야 하는지 모르고 있기 때문이다. 또 문제가 발생하면 중개인이 해결해주겠다는 말만 믿고 계약을 하기도 한다. 하지만 모두 중개인의 책임 밖의 문제들이다.

그렇다면 외국의 경우는 어떨까? 미국과 캐나다에는 공인 중개사말고, 주택의 거래에 관여하는 홈 인스펙터home inspector라는 전문직이 따로 있다. 홈 인스펙터는 주택의 상태를 꼼꼼하게 진단하는 직업으로 보통 건당 40~60만 원 정도의 수수료를 받고 있다.

미국의 경우 부동산 중개인이 보여주는 매물이 마음에 들면 매수자는 계약서를 작성한다. 하지만 그 계약서에는 홈 인스펙터가 찾아내는 하자에 대한 보수의 의무를 기존의 집주인이 진다는 내용이 담겨있다. 만약 어렵다면 그만큼 금액을 깎을 수 있도록 명시해야 한다.

매수자는 계약 이후에 홈 인스펙터를 고용한다. 홈 인스펙터는 집의 상태뿐만 아니라 부지의 상태, 주변 환경, 집의 외관 문제, 부속건물의 상태까지 오랜 시간을 들여 꼼꼼하게 점검한다. 만약 건물에 중대한 하자가 발견되거나 수리가 필요한 부분이 있으면 이를 체크하고 보고서를 작성하여 매수자에게 건네준다.

매수자는 이 보고서를 가지고 집주인과 최종적으로 가격 협상을 하는데, 이미 계약서에 명시한 내용이므로 가격을 깎을 수 있다. 어떤 집주인은 계약서를 작성할 때 홈 인스펙터를 고용하지 않으면 처음부터 싸게 해주겠다고 사전에 가격을 조율해주기도 한다.

이와 비교하면 우리나라는 매수자에게 불리한 조건이 매우 많다. 본인이 최대한 꼼꼼하게 챙겨야 실패 없이 전원주택을 고를 수 있다. 일단 공인 중개사와 함께 매물을 본 이후에 집에 돌아와 위성지도와 로드뷰를 통해 입지를 분석한다. 그리고 지번을 이용해 등기부등본 및 건축물대장 등의 서류를 체크해본다. 이후 중개인 없이 다시 방문하여 두 번, 세 번 꼼꼼하게 살펴볼 수 있다. 그렇다면 이제부터 전원주택 매수자가 무엇을 미리 점검해야 하는지 하나씩 알아보자.

등기부등본 □ 집주인의 신분증을 확인하고, 명의가 등기부등본상 소유
자와 일치하는지 확인한다.

□ 토지의 소유자와 건물의 소유자가 일치하는지 확인한다.
서로 다르다면 향후 지상권 문제로 분쟁이 발생할 수 있다.

□ 최근 10년간 명의 변경이 있었는지 확인한다. 잦은 명의
변경은 집을 자주 팔았다는 뜻이므로 집에 중대한 하자가
있을 가능성이 높다.

건축물 대장 □ 조립식 판넬로 지은 신축 주택을 목조나 경량철 구조라고
속이는 경우가 종종 발생한다. 겉으로 보면 조립식 판넬로
지은 집을 구분하기 어렵기 때문에 반드시 건축물 대장을
확인한다.

□ 건축물 대장이 없는 오래된 집은 아닌지 확인한다. 이런 경우 매수 후 보수할 수는 있으나 증축은 불가능하고 정식으로 등록하는 데 비용이 발생한다.

□ 집의 부속 건물들이 건출물 대장에 등재되어 있는지 지자체를 통해 확인한다. 전문가가 아니라면 복잡한 행정절차가 필요한 미허가 불법 건축물을 매수하는 행위는 하지 말자.

지적도

□ 측량을 통하거나 위성지도와 지적도상으로 집의 경계를 명확하게 확인한다. 간혹 집의 경계가 이웃을 침입한 경우 문제가 발생할 수 있으므로 주의하자.

□ 울타리나 담장의 위치가 경계와 일치하는지 확인한다.

□ 도로를 반드시 확인한다. 현황 도로는 있으나 지적도상 주인이 따로 있는 사도(私道)라면 도로의 주인이 사용료를 요구할 수도 있고 거액의 매매가를 부를 수 있으므로 가급적 피하도록 하자.

토지이용계획 확인서

□ 토지이용계획 확인서를 통해 토지의 용도와 건폐율, 용적률, 향후 상업용으로 이용 가능한지 등을 확인한다.

□ 거주지 근처에 축사가 있는지, 또는 축사를 지을 수 있는 지역인지 확인한다.

주택의 설계도면	☐ 신축 주택이거나 현재 거주인이 설계도면을 가지고 있다면 반드시 확보해야 한다. 향후 하자가 발생했을 때 자세한 설계도면이 있다면 보수에 큰 도움이 된다.
겨울철 난방비 관련 영수증	☐ 심야 전기를 이용한 난방이라면 겨울철 전기 사용 고지서를 확인한다. ☐ 전원주택 단지로 공동 LPG 가스탱크를 이용하고 있다면 겨울철 가스 사용 고지서를 확인한다. ☐ 개별 LPG 가스 보일러나 기름 보일러의 경우 겨울철 연료 사용비 영수증을 확인한다. ☐ 겨울철 과도한 난방비 지출은 비용적인 문제를 떠나 해당 건물의 단열에 중대한 결함이 있음을 말해주므로 미리 확인한다.
신축 주택의 건축 계약서 및 하자 보증서	☐ AS 기간이 명시된 건축 계약서 및 하자 보증서는 반드시 확보한다.

**빌트인 제품의
AS 보증서**

☐ 신축 주택인 경우 싱크대, 가전제품, 창호 등에 따라 개별
적인 AS를 받을 수 있다. 미리 확보해두어야 기간 내 무상
수리가 가능해진다.

**수리
내역서**

☐ 거주인이 집을 보수하는 데 사용한 각종 수리 내역서를 보
관하고 있다면 미리 확인한다. 사전에 체크해야 그 집의
문제점들을 쉽게 파악할 수 있다.

**해충 방제
내역서**

☐ 목조 주택에서 볼 수 있는 흰개미나 기타 바퀴와 같은 해
충 박멸을 위해 전문 업체로부터 방제를 받았는지 확인
한다.

●

집 주변
소음 유발요인

**집 주변
도로의 소음**

☐ 위성지도를 이용하여 반경 500미터 이내에 고속도로가
있거나 철도가 있는지 확인한다.

**집 주변
시설의 소음**

☐ 근처에 공항이 있는지 확인한다. 비행기 이착륙에 의한 소
음 심하기 때문이다.

☐ 반경 10킬로미터 이내에 군부대가 있는지 확인한다. 야간
사격훈련으로 인한 소음 피해가 생길 수 있고, 바닷가의
경우 인근 무인도에 전투기 사격장이 있다면 거리와 상관
없이 엄청난 소음이 발생할 수 있다.

☐ 집 주변에 공장이 있는지 확인한다. 공장에서 나는 소음뿐
만 아니라 공장을 드나드는 차량으로 인한 소음 피해가 발
생하기 쉽다.

□ 집 주변에 축사가 있는지 확인한다. 이른 새벽이나 한밤중에 가축들로 인해 소음이 발생할 수 있다.

| 반려동물 소음 | □ 이웃집에 심한 소음을 내는 반려동물이 있는지 반드시 확인한다. |
| | □ 본인이 반려견을 여러 마리 기르고 싶다면 사전에 이웃의 성향을 미리 파악하거나 협의를 해두는 것이 좋다. 이웃집에서 민원이 들어오면 심각한 분쟁이 발생할 수 있다. |

●

집 주변 도로의 여건
확인하기

법적 문제

☐ 지적도상 집과 이어진 현황 도로의 소유자가 따로 있는지 확인한다. 개인이 소유한 도로를 지나야 하는 집은 향후 분쟁의 소지가 높다.

☐ 건축법상 도시 및 녹지 지역의 도로는 4미터 폭으로 보행과 자동차 통행이 가능해야 건축 행위를 할 수 있다(읍, 면, 리 단위의 시골인 경우 3미터 폭 기준, 관할 행정처에 직접 문의). 이 부분이 확보되지 않을 경우 리모델링은 가능하나 신축이나 증축은 불가능하다.

**차량
관련 사항**

☐ 주차장이 없을 경우 집 바로 옆에 주차가 가능한지 확인한다. 참고로 오래된 선원주택 단지나 시골 마을의 경우에는 자신의 부지 안에 주차를 할 수 있다.

□ 집 근처 도로 폭이 너무 좁지 않은지 확인한다. 좁은 도로
에서 양방향 통행이 어렵거나 차를 돌리지 못해 먼 길을
후진으로 빼야 하는 등 번거로운 일이 생길 수 있다.

□ 집 근처에 큰 도로가 있거나 경사가 심한 도로는 아닌지
확인한다. 과속 차량이 많으면 위험하기 때문에 혹시 아이
가 있다면 이 점도 반드시 체크해야 한다.

□ 야간에 집 근처 도로에서 차량 헤드라이트 불빛이 들어오
는지 확인한다. 안방으로 불빛이 유입될 수 있다.

□ 소방차 진입이 항시 가능한 도로인지 확인한다.

**도로의
환경**

□ 집 바로 옆에 가로등이 있는지 확인한다. 안전상 장점이
많지만 여름철에는 각종 벌레들이 집중될 수 있다. 피해가
크면 시청에 민원을 제기하여 가림막을 설치할 수 있다.

□ 도로에서 빗물이 유입되는지 확인한다. 만약 집의 지대가
도로보다 낮다면 여름철 폭우로 인해 흙탕물이 유입될 가
능성이 매우 높다.

●

집의 위치와
건물의 배치

집의 방향

☐ 집의 방향이 남향인지 확인한다. 계절에 따라 태양의 고도
가 달라져 정남향일수록 겨울에 더 따뜻하고 여름에 더 시
원하기 때문이다.

☐ 남향집일 경우에도 산이 근접한 계곡에 위치해 있는지 확
인한다. 산에 가려 낮에 해가 들어오지 않을 수 있다.

집의 조망

☐ 앞쪽에 공터가 있는 경우 향후 다른 건물이 들어서 일조권
이 침해될 가능성이 있는지 확인한다.

☐ 앞집의 증축으로 인해 조망권과 일조권이 침해될 가능성
이 있는지 확인한다.

| **집의 위치** | ☐ 도로에서 집안이 보이는지 확인한다. 보안상 좋지 않고, 사생활 침해의 문제도 발생할 수 있다. |

☐ 도로에서 집안이 보이는지 확인한다. 보안상 좋지 않고, 사생활 침해의 문제도 발생할 수 있다.

☐ 집이나 마을 입구가 언덕 위에 있다면 경사를 확인한다. 경사가 10도만 넘어도 겨울철에 눈이 오면 차량이 접근하기 어렵다. 심지어 택배 차량이 배송을 거부할 수도 있다.

☐ 집의 위치가 인근 하천이나 제방의 수위보다 낮은지 확인한다. 폭우로 범람하게 되면 큰 피해를 입을 수 있다.

☐ 집의 위치가 산을 깎아 만든 곳이라면 토질을 꼭 확인한다. 우리나라 산의 경우 모래를 많이 함유한 마사토가 많다. 그래서 아무리 기초공사를 튼튼히 해도 여름철 장마가 길어지면 물을 머금고 있는 지반 전체가 붕괴되는 위험이 있다.

☐ 집 바로 옆에 논이나 물이 고여 있는 웅덩이가 있는지 확인한다. 지반 및 각종 벌레들로 인해 피해를 입을 수 있기 때문이다.

증축 허가 여부

☐ 증축된 건물이 허가를 받은 것인지 확인한다. 증축으로 인해 이웃집과 감정 문제가 있었다면 집주인이 바뀌는 순간 뒤늦게 신고가 들어올 가능성이 있다.

집 주변 전선 확인	□ '전기설비기준 및 판단기준'에 따르면 건축물과 특고압전선(22,900V)은 2미터 이상 떨어져 있어야 하며, 저압전선(600V이하)은 1미터 이상 떨어져 있어야 한다.
	□ 기준보다 이격거리가 가까울 때 '한국전력공사(123번)'에 전화를 하여 보수를 요청해야 한다. 이때 원인이 집주인에게 있다면 집주인이, 시공이 잘못되었다면 한전 측에서 비용을 부담한다.
	□ 지붕 위나 땅 위로 다른 집에서 사용하는 전선이 지나가는지 확인한다. 이는 지상권 침해로 한전이 비용을 부담하여 전선을 우회적으로 돌려준다. 전선 이설신청을 할 때는 기구 설치, 통행상 불편, 안전상의 이유를 들어야 한다. 규정상 미관상의 이유로는 보수가 어렵다.
집의 안정성	□ 평탄화 작업을 했다면, 축대 위에 어떤 기초 작업을 했는지 확인한다.
	□ 축대 사이에 조경수와 같은 나무들이 식재되어 있는지 확인한다. 향후 나무의 뿌리가 넓게 뻗으면 축대의 안전성을 크게 해칠 수 있다.
	□ 논을 메워 성토한 바닥인지 확인한다. 이 경우 보통 3년의 시간을 두고 흙이 다져지길 기다려야 안전하다. 반드시 성

토한 시기와 파이프 보강 여부를 꼭 알아보자.

☐ 라돈 가스에 노출된 지역인지 확인한다. 라돈은 공기보다 8배 무겁기 때문에 언덕 위에 위치한 집보다 계곡이나 저지대에 위치한 집이 라돈에 노출될 위험이 높다.

☐ 지하실을 만들어 주 생활공간으로 사용한다면 공기의 순환 시스템이 제대로 설치되어 있는지 확인한다.

**담장의
높이와 상태**

☐ 높은 담장은 방범상 좋지 않다. 오히려 표적이 될 수 있으므로 지나치게 높은 담장이 있다면 향후 어떻게 처리해야 할지 미리 확인한다.

이웃집과의
분쟁

**담장의
소유권**

☐ 이웃집과의 경계 위에 담장이 있다면 그 소유 여부를 확인
한다. 만약 소유권이 이웃집에 있음에도 불구하고 담장을
훼손했다면 향후 분쟁이 발생할 수 있다.

집의 배치

☐ 집의 거실이나 안방 창문이 이웃과 서로 마주보고 있는지
확인한다. 사생활 침해 문제로 평소에도 커튼을 치고 생활
해야 해서 불편할 수 있다.

**이웃집의
나무나 덩굴
잡초**

☐ 이웃집 나무의 가지가 우리 집 쪽으로 넘어오는지 확인한
다. 담장 가까이에 붙여서 나무를 심은 경우 나무의 뿌리
가 담장을 훼손할 수도 있다.

□ 이웃집이 제초 작업을 소홀히 하여 덩굴 잡초가 넘어오지
는 않는지 확인한다.

**이웃집의
설치물 관리**

□ 이웃집의 에어컨 실외기가 우리 집 주요 생활공간 방향으
로 설치되어 있는지 확인한다. 여름철에 심한 소음과 더운
바람의 영향으로 피해를 입을 수 있기 때문이다.

□ 이웃집 지붕의 우수관(빗물을 흘려보내는 관)이 우리 집 쪽을
향해 있는지 확인한다. 여름 장마철이나 단시간 폭우가 내
리는 경우 범람하여 피해를 줄 수 있다.

□ 이웃집에서 방범을 목적으로 보안등을 설치했는지 확인한
다. 야간에 우리 집을 비추고 있다면 마찰이 생길 수 있다.

□ 이웃집에 자체 소각장이 있는지 확인한다. 추후에 매연으
로 인한 문제가 발생할 수 있다.

□ 이웃집의 아궁이 굴뚝이나 연통의 방향이 우리 집을 향하
거나 지나치게 가까운지 확인한다.

□ 이웃집 보일러실 배기구가 우리 집과 가까운지 확인한다.
창문을 통해 유해가스가 유입될 수 있다.

□ 이웃집 정화조의 배기구가 우리 집 생활공간과 가까운지
확인한다. 여름철에 심각한 악취로 큰 피해를 볼 수 있고,
모기의 피해도 극심하다.

☐ 이웃이 사용하는 전깃줄이나 통신선이 우리 집을 관통하
는지 확인한다.

**이웃과의
공동구역 관리**

☐ 진입로를 함께 사용하고 있는 경우 겨울철 눈이 올 때 어
떻게 관리하는지 확인한다.

☐ 공동으로 청소해야 하는 구역이 있다면 어떻게 관리하는
지 확인한다.

**재활용 쓰레기
분리수거 위치**

☐ 쓰레기 분리수거 위치를 확인한다. 각자 집 앞에 쓰레기를
내놓지 않는다면 따로 정해진 위치가 우리 집 쪽은 아닌지
살펴봐야 한다.

담배 연기

☐ 이웃이 흡연자인지 확인한다. 아이들이 있다면 심각한 문
제가 될 수 있다.

전원주택의 외부*exterior*
체크사항

**석면의
사용 여부**

□ 오래된 시골집을 구매해 리모델링할 경우 건축 자재에 석면이 존재하는지 확인한다. 오래된 집들은 석면 지붕이 많은데, 건축 당시 버려졌던 석면 조각들이 부서져 마당이나 기타 부지 전체에 걸쳐 오염되어 있는 경우가 많다. 따라서 집을 완전히 리모델링해도 석면 피해를 입을 가능성이 있다.

**지붕의
유무**

□ 지붕 대신 평평한 옥상이 있다면 누수로 부터 안전한지 확인한다. 아무리 방수 처리를 잘 해도 겨울철에 해빙 상태가 반복되면 방수가 파괴될 가능성이 높다. 이런 집들은 지붕을 새롭게 제작하는 데 계획되지 않은 예산이 소요될 수 있음을 알아두자.

**목재 데크의
상태**

☐ 목재 데크를 제대로 관리했는지 확인한다. 뒤틀림이나 갈
라짐, 부서짐의 현상이 발생하면 완전히 뜯어서 새로 바꿔
줘야 한다.

**정원수(나무)의
위치와 상태**

☐ 정원수의 위치를 확인한다. 나무의 뿌리는 시간이 흐르면
거대한 바위도 부술 수 있는 힘을 가지고 있다. 만약 오래
된 주택 가까이에 정원수가 붙어 있다면 나무를 베지 않는
이상 리모델링을 해도 균열의 위험을 안게 될 것이다.

☐ 정원수가 지붕을 덮고 있는지 확인한다. 낙엽 청소를 제대
로 해주지 않으면 우수관이 막혀 빗물이 다른 곳으로 흐르
거나 투습해 주택에 피해를 줄 수 있다.

**주차장에서
현관까지의
동선**

☐ 오래된 집일수록 주차가 가능한 위치를 확인한다. 주차 후
집까지 동선이 길면 눈비가 오는 악천후 상황에서 매우 불
편할 수 있다.

**준공허가 후
외부 공사
진행 상태**

☐ 신축 건물일 경우 준공허가를 받은 매물이라도 외부적으
로 공사가 마무리되었는지 확인한다. 공사가 마무리되지

않은 경우 건축업자와의 분쟁이 남아 있는 상태일 수 있으니 휘말리지 않도록 조심하자.

야외 수전	☐ 전원생활의 필수품인 야외 수전이 있는지 확인한다. 부동전이 아닐 경우 겨울철마다 동파에 대한 걱정과 대비를 해야 한다.
야외 전기 콘센트	☐ 주택 외벽에 전기를 끌어올 수 있는 방수 콘센트가 있는지 확인한다. 없는 경우 실내에서 끌어와야 한다.
외부 CCTV	☐ 외부에 CCTV가 설치되어 있는지 확인한다. 만약 없는 경우 설치가 용이한 상태인지 알아본다.
각종 계량기의 위치 파악	☐ 대문 밖에 있는 전기 및 수도 계량기가 찾기 쉬운 위치에 설치되어 있는지 확인한다. 식별이 어려우면 계량기 측정원이 매달 집 안으로 들어와서 측정해야 하는 불편함이 있다.

**벽체에 있는
금(크랙)이나
보수의 흔적**

☐ 밖에서 볼 때 주택의 벽체에 금(크랙)이 가거나 보수의 흔적이 있는지 확인한다. 기초공사에 하자가 있거나 주택을 지은 토지의 지반이 약해 벽체에 금이 갈 수 있다. 이 경우 건물 전체의 균형이 뒤틀려 현관문이나 창문이 잘 닫히지 않거나 창틀이 분리되어 그 사이로 찬 공기가 유입될 수 있으니 주의해야 한다.

**창문과 창틀의
상태**

☐ 이른 아침이나 겨울철에 창문 안쪽에 수증기가 발생하는지 확인한다. 벽체와 창틀 사이가 벌어져 있다면 주택 전체의 하자 때문일 가능성이 높다.

전원주택의 내부*interior*
체크사항

**빌트인
가전제품**

☐ 빌트인 가전제품이 들어와 있다면 공간 활용에 문제가 생
길 수 있으니 제품의 종류와 상태를 미리 확인한다.

☐ 빌트인 가전제품이 마음에 드는 경우 소유권이 확실히 이
전되는지 확인한다. 그렇지 않으면 예상치 못한 비용이 추
가로 발생할 수 있다.

**내부의
흔적**

☐ 화재의 흔적이 있는지 확인한다. 과거에 보수한 흔적이 있
는 곳을 유심히 관찰하고, 제대로 보수하지 않을 가능성이
높은 다락이나 다용도실, 기타 계단 밑 등에 그을음이나
연기의 흔적이 있는지 살펴보자. 만약 의심이 가는 부분이
있다면 관할 소방서에 문의하여 화재 발생의 유무를 확인
하는 것이 좋다.

☐ 지대가 낮은 곳에 위치한다면 인근 하천이 범람하여 침수 된 경험이 있는지 확인한다. 벽지의 색깔, 방문 틀, 기타 목 조로 이루어진 인테리어 자재를 보면 물에 잠긴 흔적을 찾 을 수 있다.

☐ 누수가 발생한 흔적이 있는지 확인한다. 장마철에는 누수 가 지속적으로 발생할 수 있으므로 천장의 모서리가 젖어 있거나, 천장 벽지에 얼룩이 있는지 알아보자.

보조 난방기구

☐ 현재 거주자가 집안 곳곳에 라디에이터나 열풍기, 전기 히 터 등 각종 보조 난방 기구를 사용하고 있는지 확인한다. 주 난방 기구가 제대로 작동하지 않거나 단열이 잘 안 된 집임을 알 수 있으므로 가급적 피하는 것이 좋다.

실내 계단 안정성

☐ 아이들이 있다면 실내 계단의 기울기와 안전성을 확인한 다. 가드레일이 흔들리지 않고 규정에 맞는 높이로 설치되 어 있는지, 계단의 기울기와 높이가 일정한지 등을 반드시 알아보자.

2층 집 확인 사항	☐ 오픈 천장이 있는지 확인한다. 장점도 있지만 겨울철 난방비 지출이 크다. ☐ 계단이 거실에 노출형으로 설치되어 있는지 확인한다. 노출형 계단으로 인해 1층의 열기를 빼앗길 수 있다. 반면 계단실을 따로 만들어 1층에서 문을 달아둔다면 난방비를 절감할 수 있다.
집안 곰팡이	☐ 집안 곰팡이의 상태를 확인한다. 어떤 집이든 해가 들지 않는 어둠침침한 장소에는 곰팡이가 생길 수 있다. 하지만 주 생활공간인 거실이나, 안방, 아이들 방에 곰팡이가 있다면 문제가 될 수 있다.
수압	☐ 상수도가 연결되어 있는지 확인한다. 관정을 파서 지하수를 끌어 쓰는 경우 수압이 일정하지 않을 때가 많다. 특히 오랜 가뭄이 지속되거나 주변에 관정을 파는 가구가 늘어나면 지하수의 양이 줄어 수압이 낮아질 수 있으니 꼼꼼하게 확인해야 한다.

**바닥 마루의
재질**

☐ 바닥 마루의 재질을 확인한다. 비싼 원목은 보기에는 좋지만 열전도율이 떨어지고, 물기를 바로 닦아주지 않을 경우 비틀림 같은 변형이 일어날 가능성이 높다. 또한 대리석 마루는 약간의 물기만 있어도 미끄러지기 쉽기 때문에 아이들이 있다면 가급적 피하는 것이 좋다.

온수 공급

☐ 전원주택은 모두 개별 보일러를 가동하여 온수를 공급한다. 간혹 오래된 배관이나 보일러 자체의 문제로 온수가 제대로 공급되지 않거나 일정 수온을 유지하지 못하는 경우가 있으니 사전에 확인한다.

**보일러 용량
및 실내 온도**

☐ 집의 크기에 따라 보일러 용량이 정해져 있기 때문에 증축한 경우 미리 확인한다. 보일러와 가까운 방부터 온도가 올라가기 때문에 방마다 실내 온도에 차이가 날 수 있다.

**채광 상태와
일조량**

☐ 각 방마다 방위에 따른 채광 상태를 확인한다. 주로 거실과 다른 방들 사이에 차이가 큰 경우가 많은데, 어두운 방에 전등을 켜두면 눈치 채지 못할 수도 있으니 주의하자.

4장

전원생활을
위한
Q&A

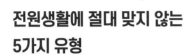

전원생활에 절대 맞지 않는
5가지 유형

요즘도 유튜브 채널이나 인터넷 카페 등에 '전원생활 절대 하지 말라'는 댓글들이 꾸준히 올라오고 있는데, 신기하게도 그 실패의 이유가 모두 비슷하다. 하지만 전원생활을 하려는 사람들의 성향이나 목적 등이 모두 다를 텐데 왜 똑같은 이유를 들면서 실패를 장담하는지 솔직히 이해가 가지 않을 때가 많다.

전원생활은 무조건 자신에게 최적화된 콘텐츠로 꾸려가야 한다. 기존의 부정적 편견에 휘둘려 똑같은 고민만 한다면, 기존의 실패담을 답습하는 결과를 불러올 것이다. 오직 자신의 성향에 맞춘 즐길거리와 도전적인 자세만이 성공적인 전원생활의 기반이 될 수 있다.

다만, 전원생활에 맞지 않는 사람들은 있다. 그런 사람들은 무조건 실패할 수밖에 없다. 후회 없는 전원생활을 하려면 자신을 포함한 가족에 대한 이해가 필요하다. 그렇다면 전원생활에 맞지 않는 5가지 유형에 대해 알아보자.

현실에서 도망쳐서 숨을 곳을 찾는 사람들

'전원생활을 계획하는 이유'를 조사한 설문을 보면 돈에 찌든 삶이 싫어서, 사람들과 부대끼기 싫어서, 정을 느끼고 싶어서, 무미건조한 도시의 삶이 너무 삭막해서 시골로 가고 싶다는 대답이 항상 상위에 랭크되고 있다. 하지만 시골에 가면 모든 게 해결될까?

도시나 시골이나 사람 사는 것은 똑같다. 이제는 기술이 발달해서 모두가 스마트폰으로 영상통화를 하는 시대인데 아직도 시골은 도시와 단절된 특별함이 있다고 기대하는 것은 큰 오해다.

물론 도시를 떠나 자연친화적인 삶을 살다 보면 그간의 스트레스가 치유되고 새로운 에너지가 솟아나는 경험을 할 수 있다. 하지만 확실한 목적을 가지고 본인의 의지로 전원을 찾는 것인지, 아니면 무작정 도시를 떠나 모든 것이 해결되길 바라는 도피성 이유인지를 확실히 구분해야 한다.

"도망쳐서 찾은 곳에 낙원은 없다."라는 유명한 명언이 있다. 나의 문제임을 알면서도 공간의 문제로 돌린다면 결코 문제를 해결할 수 없다는 말이다. 내가 아닌 주변 환경을 바꾼다고 달라지지는 않을 것이다. 오히려 문제가 악화되어 다시 도시로 도망치는 사태까지도 벌어질 수 있다.

도피성 전원생활의 가장 큰 문제는 준비기간이 짧다는 것이다. 빨리 도시를 떠나는 데 급급해서 자신이 정말 전원생활에 적합한지 충분히 고민하지 못한다. 자신의 콘텐츠에 맞는 부지를 찾지도 않고 무작정 조용한 시골을 찾아 떠나기 때문에 각종 부작용이 발생하는 것이다. 따라서 지금 안고 있는 문제가 과연 도시만 떠나면 해결될 수 있는 것인지 충분히 고민해보자. 그래도 자연과 더불어 잠시 휴식을 취하고 싶다면 전원생활보다 장기간 여행을 떠나볼 것을 추천한다.

땀 흘리는 육체 노동을 꺼리는 사람들

유유자적한 전원생활은 없다. 이 책을 읽는 동안 그러한 환상은 깨졌길 바란다. 유유자적함을 누리기 위해서는 땀 흘리는 육체 노동이 전제가 되어야 한다. 아무것도 하지 않아도 마당에서 채소가 자라고 집은 언제나 예쁜 모습으로 유지될 것이라는 기대는 금물이다.

무조건 움직여야 한다. 자연은 내가 움직이는 만큼 내어준다. 그래서 자연이 좋은 것이다. 만약 해보지도 않고 도전을 망설인다면 자연이 주는 보상을 절대 누릴 수 없을 것이다.

육체 노동은 처음이 어렵지 시간이 흐르면 점점 익숙해진다. 전원생활에서만 경험할 수 있는 기쁨을 누려보기 바란다. 회사일로 머릿속이 복잡하거나 걱정거리가 지워지지 않을 때 낫이라도 들고 거대한 잡초의 산과 전쟁을 벌인다면 어느새 머릿속은 맑아지고 무아지경에 빠질 것이다. 땀방울을 흩날리며 시간가는 줄 모르고 일하다가, 온몸이 흠뻑 젖은 것을 깨달을 때 밀려오는 쾌감이야말로 전원생활의 백미가 아닐까.

전원주택에
살면 집주인이
해야 하는
일들이 많다.

전원생활로 수익을 내고자 하는 사람들

전원생활로 인해 약간의 수입을 얻는 방법은 분명 있을 것이다. 하지만 그것이 목적이 될 수는 없다. 최근 귀농 및 귀촌을 하면 국가 보조금으로 큰돈을 벌 수 있다는 말에 속아 농업으로 전업한 후 피해를 입는 사례들이 늘고 있다고 한다.

책의 초반에 설명했듯이, 전원생활을 어떻게 바라보느냐에 따라 준비사항이 완전히 갈리게 된다. '거주'의 개념을 가지고 귀농을 하고자 한다면 귀농 준비에 따른 집을 찾는 것이고, '여가'의 개념을 가지고 전원생활을 즐기고자 한다면 그 콘텐츠에 맞게 준비를 해야 한다. 여가의 개념으로 시작했어도 갑자기 돈의 유혹에 그 계획이 틀어져버린다면, 돈도 못 벌고 제대로 즐기지도 못해 시간과 돈만 낭비하는 또 하나의 실패 사례가 될 것이다.

전원생활을 하며 돈을 버는 가장 좋은 방법은 열심히 누리고 노는 것이다. 사랑하는 가족과 평생의 추억을 쌓는 것은 경제적으로 환산할 수 없는 큰 가치를 남기는 일이기 때문이다.

전원생활의 단편만 보고 꿈꾸는 사람들

한때 JTBC 예능 프로그램인 〈효리네 민박〉이 선풍적인 인기를 얻으면서 제주도로 이주를 결정하는 사람들이 우후죽순 늘어났다. 사람들은 비싼 값을 주고 제주도로 들어갔고, 이효리는 그런 사람들을 피해 제주도를 떠났다.

TV에서는 자연 속에서 건강과 꿈을 찾은 사람들의 이야기를 꾸준히 보여준다. 그런 자연인들의 삶을 부러워하는 사람들이 많은 걸까. MBN의 〈나는 자연인이다〉라는 프로그램은 2012년 방송을 시작한 이래 지금까지 그 인기가 식을 줄 모르고 있다.

자연친화적으로 살고 싶은 바람은 본능적으로 당연하다고 할 수 있다. 하지만 방송에서 비춰진 긍정적인 모습에 빠져 무작정 전원생활을 결심하는 것은 위험하다.

은퇴 후 전원생활을 하는 친한 친구가 좋아 보여서, 유튜브를 통해 본 전원생활이 부러워서 따라하려고 한다면 다시 생각해보는 것이 좋겠다. 남들이 아닌 내가 살아갈 삶의 방식에 대한 고민이 선행되어야 한다. 전원생활은 '좋아 보여서' 따라하기엔 실패의 리스크가 크다는 것을 명심하자.

남들에게 보여주기를 좋아하는 사람들

전원생활을 하면서 가장 독이 되는 것이 바로 남들을 의식하여 벌이는 일들이다. 남들에게 보여주기를 좋아하는 사람들은 처음 집을 지을 때부터 남들보다 더 경치 좋은 곳에, 미적으로도 더 우수하게, 자재도 보다 친환경적으로, "남들보다 더, 더, 더!"를 외치며 전 재산을 올인한다.

가끔 손님이라도 방문한다고 하면 며칠을 매달려 밀린 청소를 하느라 고생한다. 또 세간 줄어드는 줄도 모르고 손님 접대비를 지출할 것이 뻔하다. 하지만 손님들이 돌아가고 나면 허무함만 그 빈 공간을 채울 것이다.

전원생활은 나 자신이 즐겁게 놀기 위해 하는 것이다. 본인의 성향을 전원생활에 맞게 바꿀 필요는 없다. 다만 본인이 평소 주위의 시선을 많이 의식하는 편이라면 전원생활을 시작하기 전에 심사숙고해보기 바란다.

현명하게
손님을 치르는 법

전원생활을 하다 보면 "손님 치르다 등골 휜다."는 말이 있다. 집으로 지인들을 자주 초대하다 보면 육체적, 정신적, 경제적으로 피곤해진다는 말이다. 하지만 내 경험에 비추어보면 전혀 그렇지 않다.

원래 전원생활은 수시로 잔디도 깎고, 밭일도 하고 여기저기 보수도 하는 것이 일상이다. 그런데 나는 손님들과 함께 일한다. 요즘은 농촌체험도 돈을 내야 할 수 있는 시대라고 할 만큼 도시 생활자들에게는 낯선 일들이 많다. 그걸 경험하게 해준다고 생각하면 편하다.

조금 과격하게 말하면 손님은 좋은 일꾼이다. 지인들이 올 때마다 함께 작업하며 집을 관리하면 1년 내내 혼자 고생할 일이 없다. 지난 5년간 매주 지인들을 초청해 함께 일하며 내린 결론이다. 손님들도 손님 대접만 받기를 부담스러워한다. 만약 손님들이 올 때마다 혼자 진수성찬을 마련하고 대접하기 바쁘다면 미안한 마음에 결코 다시 찾지 않을 것이다.

반면에 같이 땀 흘리며 일하고, 음식도 같이 준비하고, 여러 가지 뒷정리까지 같이 하다 보면 지인들의 표정이 밝아진다. 덕분에 좋은 시간을 보냈다고 아주 즐거워한다. 어떻게 손님에게 일을 시킬 수가 있냐고 반문할 수도 있다. 하지만 매일 곁에 두고 부려먹는 게 아니기 때문에 가능하다. 그들에게 전원주택에서의 하루는 짧고 특별한 이벤트와 같기 때문이다.

이제 나의 지인들은 전원주택에 방문하면 당연하다는 듯이 팔을 걷어 올리고 일거리를 찾아 나선다. 함께 먹고 즐긴 시간인데 왜 주인만 움직여야 할까? 조금만 생각을 전환시키면 모두가 즐겁다.

가끔 손님 방문 전에 며칠에 걸쳐 정원관리를 하는 분들이 있다. 일꾼들을 초대해놓고 이 얼마나 바보 같은 행동인가? 체면 같은 것은 넣어두고 초대하는 김에 미리 언지를 주면 된다.

"근래 회사일이 바빠서 정원관리를 못했다. 일찍 와서 한 시간만 같이 작업하자."

그러면 의외로 다들 별일 아니라는 듯이 승낙할 것이다. 물론 하다 보면 한 시간이 세 시간이 되겠지만, 그 또한 웃고 떠들다 보면 즐겁게 끝날 일이다. 그렇게 함께 땀 흘린 날 저녁엔 밤새 우리의 이야기를 안주 삼아 즐길 수 있으니 얼마나 좋은가. 더 이상 손님 치르는 문제로 고민하지 말고 함께 일하는 기쁨을 누려보자.

역할을 나누고
함께 일하며
즐기는 기쁨

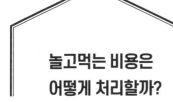

놀고먹는 비용은
어떻게 처리할까?

나는 집에 손님을 초대할 때 미리 규칙을 안내한다.

> *"집들이 선물은 절대 받지 않습니다."*
> *"놀고먹는 모든 비용은 인원수에 맞게 1/n 로 나누어 청구합니다."*

초대받는 입장에서 고민스러운 게 바로 집들이 선물이란 점을 잘 알고 있다. 그런데 받는 입장에서도 모인 자리에서 나누는 각각의 선물이 차이가 나면 민망한 상황을 목격하는 경우가 있어 곤란하다. 그래서 애초에 집주인이 깔끔하게 이야기해주는 것이 편하다.

그래서 우리는 함께 먹고 즐기는 비용을 나누어 부담하기로 했다. 앞서 말했듯이 손님들도 매번 대접받기만 하는 것을 부담스러워한다. 함께 밥을 먹어도 계산은 각자하고, 서로 부담을 주는 것도, 받는 것도 싫어하는 시대다. 계산적인 것 같아도 오히려 이 방법이 모두가 부담 없이 '푸짐하게' 즐거운 시간을 보낼 수 있는 최선의 방법이다.

그래서 지인들이 오면 가급적 집에 있는 식료품이나 소모품을 쓰지 않는다. 마트에서 메인 요리를 만들 식자재와 술, 라면, 김치, 심지어 생수까지 모두 구매하고, 영수증 사진을 찍어둔다. 물론 지인들도 오는 길에 필요한 물품을 구매해온다면 영수증을 챙겨온다. 전원주택에서 보내는 1박 2일의 시간 동안 지출한 모든 비용은 무조건 정확하게 각자 부담하는 것이 원칙인 것이다(당연히 숙박비는 없다).

생소한 규칙에 거부감이 들 수도 있을 것이다. 하지만 이렇게 원칙을 세우지 않고 시작한다면 시간이 지날수록 손님치레에 대한 부담에 시달릴 수도 있다. 몇 년 후에는 방문하는 지인들조차 마음이 편치 않아 차츰 발길을 끊을 것이다. 시대가 변하고 인식이 변한 만큼 집

함께 먹고 마시는 비용은 무조건 1/n

주인으로서 손님을 대하는 방법도 변해야 한다. 그래야 오래, 함께 할 수 있다.

인간은 사회적 동물이며 사람들과의 관계를 통해 얻는 즐거움은 인생의 큰 부분을 차지한다. 그런데 이를 무시하고 혼자 자연 속에 고립되어 산다면 어떻게 될까? 어느 날 찾아오는 외로움과 고독이란 아픔에 시달리다 결국 자연을 떠나게 될 것이다.

그러니 누구든 함께 즐길 수 있는 전원생활이 되도록 노력해야 한다. 이왕이면 지인들이 정말 마음 편히 찾을 수 있는 곳으로 만들어보자. '1/n' 원칙만 세우면 모든 게 가벼워질 것이다.

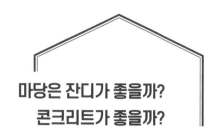

마당은 잔디가 좋을까?
콘크리트가 좋을까?

마당 앞에 잔디밭이 넓으면 관리하기가 어렵다는 의견이 많다. 그래서 텃밭만 남기고 모두 콘크리트로 포장하는 게 낫다는 주장도 있다. 하지만 모두 전원생활을 '거주'의 개념으로만 바라봤을 때 도출된 결론이다. 사실 정답은 없다. 그 집에서 살아갈 당사자가 결정해야 한다.

단지 '살기 좋은 곳'을 목적으로 한다면 당연히 관리가 편한 쪽을 택하는 것이 맞다. 하지만 '놀기 좋은 곳'을 목적으로 하는 사람에게는 가장 좋은 놀이터를 미리 없애라고 조언하는 것과 같다.

나 또한 잔디밭 관리가 어려우니 그 크기를 줄이라는 댓글을 보면 항상 이렇게 답변하고 있다.

> *"잔디 깎는 것은 가장 재밌는 일들 중 하나입니다.*
> *깎고 나면 보람과 성취가 커서 기분이 정말 좋아집니다.*
> *저는 전혀 힘들지 않습니다!"*

마당의
잔디를
깎는 모습

나는 잔디 관리하는 일이 가장 즐겁다. 몸과 마음이 개운해지는 이 느낌은 해보지 않으면 모를 것이다. 그래서 지인들이 놀러오면 일부러 잔디를 깎아보라고 권하기까지 한다. 비록 엔진의 매캐한 연기를 마시고, 땀을 뻘뻘 흘려야 하지만 작업이 끝나고 자신이 다듬은 정원을 보고 나면 반응이 달라진다. 잠들기 전까지 잔디를 바라보며 감탄하기를 쉬지 않을 정도로 보람과 성취감이 크다.

요즘은 장비가 좋아져서 편하게 잔디를 관리하는 방법이 점점 늘고 있다. 기술이 발달한 만큼 관리도 훨씬 수월해졌다. 나도 지금은 비자주식 잔디 깎기(밀어야 앞으로 나가는 방식)를 사용하고 있지만, 자주식(기계가 저절로 앞으로 나가는 방식)으로 바꿔서 더 편하게 작업을 해보려고 한다.

마당을 아스팔트로 덮을 것인가 아니면 잔디를 심을 것인가? 무작정 '편한 쪽'만 따지지 말고 내가 마당을 어떻게 활용할 것인가 좀 더 고민해보고 결정해도 늦지 않다.

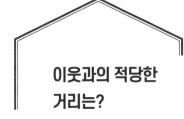

이웃과의 적당한
거리는?

시골은 공동체 의식이 강하니 마을 행사에는 절대 빠지지 말고 이웃
들과의 관계에 더욱 신경을 써야 한다는 말을 들어본 적 있을 것이
다. 당연한 말이다. 단, 부담이 될 정도로 애쓸 필요는 없다. 성격이 내
성적이고 사람들에게 먼저 다가가는 것이 어려운 사람에게 적극적
인 자세를 강요하면 큰 스트레스가 될 수 있다.

사람 사는 곳은 어딜 가나 똑같다. 시골이라고 해서 동네 사람들이
모두 가족이라도 된 것처럼 행동하는 것은 누구도 원치 않을 것이다.
적당한 거리를 유지하며 시간을 두고 천천히, 누구에게도 폐가 되지
않게 행동하면 된다. 시간이 흐르면 그 거리가 점점 가까워 것이니
조급해하지 말자.

처음부터 마을 주민들에게 도움을 요청하는 일은 하지 않는 것이 좋
다. 도움을 요청받는 입장에서도 난처해질 수 있고, 도움을 받다 보
면 상대방에게 일방적으로 끌려다닐 수 있기 때문이다.

많은 사람들이 오해를 하고 있는 부분 중에 하나가 바로 '시골 인심'이란 표현이다. 심지어 이 시골 인심을 기대하고 삭막한 도시를 떠나 시골로 가려는 사람들도 많다. 하지만 도시나 시골이나 사람 사는 곳에서 주고받는 인심은 모두 똑같다. 아파트 생활을 하며 같은 엘리베이터를 타는 이웃끼리 인사도 안 하던 사람이 시골에서 다른 모습으로 살 수 있을까? 평소에 이웃과 잘 지내는 사람이 시골에 와서도 이웃과 잘 지내는 법이다.

괜한 기대를 하고 전원생활을 시작하면 사소한 문제로 이웃과 부딪칠 때마다 "시골 인심 옛만 못하네!" 하며 문제의 본질을 회피하게 될 것이다. 시골에 대한 선입견을 가진 채로 이웃과 작은 마찰을 겪고 더 큰 상처를 입는 경우도 많다. 문제는 항상 자신에게 있다는 사실을 직시해야 한다.

작은 것이라도 먼저 베풀어서 주민들에게서 '도시 사람'에 대한 편견을 깨뜨리는 것도 좋은 전략이다. 언제나 기대하고 바라기보다는 오히려 "도시 인심 많이 좋아졌네?" 하는 인상을 심어주는 것은 어떨까?

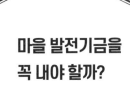

마을 발전기금을
꼭 내야 할까?

집을 짓고 얼마 지나지 않아 인사차 이장님을 비롯한 동네 주민 몇
분을 집으로 초대해 식사를 함께 한 적이 있었다. 맛있는 닭백숙을
만들어보겠다고 가마솥에 장작불로 한참을 삶았더니 살이 녹아 보
기에도 민망한 요리를 내왔지만, 다행히 모두들 개의치 않았다. 그렇
게 먹고 마시며 취기가 돌 때 쯤 어느 한 분이 말했다.

"우리 마을에 왔으니 행사에도 빠지지 말고, 봉투도 좀 내고 그래!"
그 한마디에 술이 확 깨는 것을 느꼈다. 뒷머리가 찌릿했다. 이것이
말로만 듣던 마을 발전기금인가? 그러자 다른 마을 분들이 말했다.

"에헤~ 그러면 안 돼. 왜 돈을 내라 마라야? 그러면 못 써!"
"돈 같은 거 안 내도 되니깐 앞으로 마을 행사에만 빠지지 않도록 해!"
그리고 모두들 아무 일도 없었단 듯이 웃으며 술자리를 이어나갔다.
그 후로 마을 분들은 어설픈 새내기를 보면 반갑게 맞아주었다. 나의
괜한 걱정이 한방에 불식되는 뜻깊은 날이었다.

지금도 전원생활에 관한 이메일 문의를 받아보면 '마을 발전기금' 문제로 고민하는 분들이 많다. '케이맨은 얼마를 냈는지 궁금하다'는 질문도 있다. 누구는 마을에 정착하자마자 이장에게 3백만 원을 건 냈고, 누구는 1백만 원에 합의를 봤다고 하면서 소문도 덧붙인다.

하지만 이는 결코 통상적으로 벌어지는 일이 아니다. 심지어 기부금을 강요하는 행위는 형사법으로 처벌받을 수 있는 범죄행위이다. 마을 발전기금을 수취하는 통장은 대부분 마을 이장 명의인데, 마을 이장이 이 돈을 착복하고 마을을 위해 사용하지 않는 경우 명백한 불법 행위에 해당된다.

최근에도 마을을 지나가는 장례차를 가로막고 통행세를 요구하는 마을 이장이 처벌 받은 사례가 있었다. 이러한 행위에 대해서는 절대 타협하거나 돈을 지불하지 말고, 강요받는 상황을 기록하여 법적인 대응으로 맞서야 한다.

특정한 개인의 범죄행위가 시골에 정착하는 데 꼭 필요한 통과의례 인 것처럼 되는 일은 결코 없어야 할 것이다. 적당한 선에서 식사 대 접을 하거나 이웃끼리의 인사 차원에서 작은 선물 정도 건네는 건 용 납될 수 있으나, 마을 발전기금 명목으로 거액을 기부하라는 관례는 절대 따라서는 안 된다.

이런 피해를 당하지 않으려면 사전에 철저한 정보 수집이 필요하다. 이 문제는 자칫 예민한 신경전이 될 수 있으므로 가급적 우회적인 경 로로 접근하는 것이 좋다. 처음부터 마을 이장을 만나 "마을 발전기금이 있습니까?" 하고 단도직입적으로 물어보면 안 된다. 가장 최근에 그 마을에 이주한 사람을 만나 이것저것 대화를 나누다가 은근슬쩍 물어보는 것이 좋다. 만약 그 사람이 마을 발전기금을 강요받았다면, 그 마을은 뒤도 돌아보지 말고 그냥 지나치길 바란다. 분쟁은 피할 수 있으면 피하는 게 상책이다.

단, 이러한 상황이 귀농, 귀촌, 또는 전원생활을 하는 개인에게 일반적으로 벌어지는 일은 분명히 아니라는 사실을 알고 대비하는 것이 좋겠다.

전원생활은
돈만 있으면 가능할까?

유튜브를 하면서 느낀 점 중 하나는, 생각보다 많은 사람들이 전원생활을 단순한 돈 문제라고 치부한다는 것이다. 하지만 전원생활은 돈이 많다고 누구나 할 수 있는 것은 아니다. 돈이 많으면 분명 좋은 집을 지을 수 있겠지만, 좋은 집이 반드시 '즐거운 전원생활'을 보장해주지 않는다.

전원생활은 돈 문제가 아닌 희생의 문제로 접근하는 것이 옳다. 전원생활을 즐기려면 생각보다 많은 것을 포기해야 하기 때문이다. 도시와 달리 편의시설과의 접근성이 떨어지니 생활의 불편함은 기본이고, 수많은 단점들을 극복하기까지 드는 시간과 노력, 비용은 지금까지 알고 있는 것보다 훨씬 더 크다. 따라서 지금 나에게 물질적 여유가 충분히 있어도 그에 상응하는 수많은 것들을 포기하고 희생할 수 있을지 스스로 물어봐야 한다.

주위를 둘러보자. 혹시 돈 많은 부자들을 알고 있는가? 그렇다면 그들이 어떻게 사는지 살펴보자. 시골에 별장을 짓고 전원생활을 즐기고 있는 사람이 얼마나 되는지 말이다. 의외로 돈이 많은 사람들일수록 전원생활을 꺼리는 경우가 많다. 희생할 것이 많기 때문이다. 지금까지의 익숙함을 버려야 하는데 그게 어디 쉬운 일인가? 돈이 많다고 익숙함을 쉽게 포기할 수 있는 것은 절대 아니다. 오히려 그 익숙함을 유지하기 위해 돈을 더 많이 쓰려고 할 것이다.

자, 다시 한 번 스스로에게 질문해보자.

"정말 로또에 당첨 되어도 전원생활을 해볼 것인가?"

이 질문에 "예스"로 답할 수 있다면 로또 당첨과 상관없이 지금이라도 조금씩 방법을 찾아갈 수 있을 것이다.

뱀이나 해충의 피해는 얼마나 될까?

대부분 '자연'이라고 하면 초록의 식물을 제일 먼저 떠올린다. 그래서 전원생활을 준비할 때도 정원을 어떻게 꾸며볼까 고민하는 것이다. 하지만 자연 속에서 지내기로 결심했다면 초록 식물뿐만 아니라 그 주변의 벌레나 동물들의 존재도 고려해야 한다.

"전원생활을 하면 정말 해충이나 뱀, 지네나 말벌 때문에 피해가 많은가요?"

요즘도 이런 질문을 많이 받고 있다. 뱀이 많이 사는 곳에 터를 잡으면 당연히 뱀이 나오고, 지네가 자주 출몰하는 곳에 있으면 당연히 지네가 나온다. 모기가 많은 논 주변이나 웅덩이 주변에 집을 지으면 모기가 많을 것이고, 파리가 많은 축사 근처에 집을 지으면 당연히 파리가 들끓을 것이다. 한여름 강가에는 날벌레떼가 하늘을 가리는데, 근처에 집을 지으면 날벌레 때문에 못살겠다고 하소연할 수밖에 없다. 하지만 그런 경우가 아니라면 하나씩 다시 짚어볼 필요가 있다.

칡넝쿨과
사투를 벌이는
모습

대부분 뱀이나 벌레들이 1년 내내 출몰한다고 오해할 수 있지만 전혀 그렇지 않다. 인기척에 예민한 뱀들은 봄에 햇볕을 쬐러 나왔다가 사람들을 만나면 그 이후로는 거의 접근하지 않는다. 벌레도 종류별로 활동하는 시기가 따로 있다. 기후 상황에 따라 출몰하는 시기와 기간도 달라진다. 벌레가 많은 해가 있고 전혀 보이지 않는 해도 있다.

솔직히 5년째 전원생활을 해보니 가장 무서운 것은 뱀도, 모기도, 지네도, 장수말벌도 아니었다. 칡과 환삼덩굴이었다. 초록 식물과 함께하는 싱그러운 전원생활을 상상했으나 현실은 징글징글했다.

단연코 뱀보다 더 징그러운 게 칡넝쿨이다. 에일리언 촉수 같은 줄기 끝으로 여기저기 훑고 있는 모습은 소름돋기 이를 데 없다. 게다가 환삼덩굴은 잔인하기까지 하다. 다섯 손가락을 가진 환삼덩굴의 까칠한 줄기 때문에 피를 본 것이 한두 번이 아니다. 여기에 긁히면 쓰라림이 한참을 간다.

이 무시무시한 덩굴들은 가만히 놔두면 나무고 집이고 모두 집어 삼켜버린다. 전쟁이 따로 없다. 공포의 대상이다. 한여름이면 이들과 뒤엉켜 미친 듯이 칼춤을 출 때도 있다. 그러면 정말 정신이 반쯤 나간다.

그런데 사람들은 1년에 한두 번 볼까 말까 한 뱀이나 지네를 더 무서워한다. 심지어 마주칠까 봐 무서워 전원생활을 포기하는 사람도 많다. 하지만 전원생활을 제대로 즐기기 위해서는 자연 그대로를 받아들일 마음의 준비를 해야 한다.

실제로 살아 보니 식물을 제외하고는 모기가 제일 힘든 존재였다. 다들 무서워하는 뱀도 처음 1~2년 동안은 영역 싸움 때문에 자주 얼굴을 보겠지만, 겁이 많은 동물이라 점차 보기 힘들어진다.

간혹 자다가 지네에게 발가락을 물렸다는 사람이 있다. 그런 경우 집을 지은 지 오래되어서 여기저기 구멍이 많이 생긴 게 아닌가 의심해 보아야 한다. 최근에 제대로 지어진 집이라면 이런 일로 크게 걱정할 필요는 없다.

하지만 사람마다 기준이 다르고 느끼는 것도 다르다. 혹시나 벌레만 보면 까무러칠 것 같이 싫어하는 사람이 있을 수도 있다. 그분들께는 전원생활 대신 케이맨의 유튜브 채널을 보는 것으로 대리만족하시는 방법을 추천한다. 전원생활은 등떠밀어서 권유할 수 있는 문제가 아니기 때문이다.

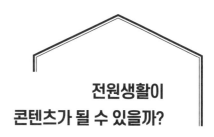

전원생활이
콘텐츠가 될 수 있을까?

전원생활에서 빠뜨리지 말아야 할 활동이 바로 '기록'과 '공유'이다. 기록은 개인에게 있어 자신의 인생을 돌아보고 앞으로를 계획할 수 있게 하는 훌륭한 나침반이 되며 때로는 훌륭한 문화유산이 되기도 한다. 과거에는 수기로 적는 일기가 고작이었지만, 이제는 사진이나 영상으로 찍어서 무료로 게재하고 관리할 수 있는 온라인 플랫폼들이 많다.

단순히 사진이나 영상으로 된 원본 파일을 남기는 것이 아니다. 사진이나 영상을 편집하고 스토리를 입힌 후 감정을 함께 공유할 수 있도록 만드는 작업이 필요하다. 나를 주인공으로 한 드라마 한 편이 완성되는 것과 같다. 하나의 결과물과 그것을 만드는 과정 모두 지금껏 누려보지 못한 큰 기쁨과 감동을 줄 수 있다.

전원생활을 한다고 스스로를 고립시키지 말자. 몸은 비록 시골이란 단절된 공간에 있지만, 나의 일상은 온라인을 통해 전국 또는 전 세계로 공유되어 함께 소통하는 즐거움을 누릴 수 있다. 오히려 도시에서 생활할 때보다 좀 더 다양한 사람들을 만나게 되는 아이러니한 일이 벌어질 것이다.

유튜브를 위해 일상을 촬영하는 모습

만약 바닷가에서
전원생활을 즐기고 싶다면?

바닷가 전원생활 초기에는 멋모르고 바다에 나가서 뭐든 잔뜩 잡아
왔다. 조개는 두 손을 갈퀴 모양으로 해서 쓸어 담았고, 작은 게들은
양동이 한가득을 채웠다. 통발을 던져서 돌게와 우럭을, 후릿그물로
는 물고기들을 엄청 잡았다. 그때는 바다에 나가 살았다고 해도 과언
이 아니었다.

바닷가 전원생활의 로망이 그런 것 아니겠는가? 집 앞 바다에 나가
각종 해산물을 잡고 맛있는 안주로 삼아 즐기는 일상 말이다. 그래서
물때만 맞으면 바다로 나갔고, 먹을 수 있는 물고기라면 생각 없이
닥치는 대로 잡아올린 것이다.

문제는 이후의 과정들이었다. 조개는 해감을 잘 시켜야 하는데, 당장
술안주가 필요한 나에게 처음부터 인내심은 없었다. 그냥 급한 마음
에 해감도 하지 않고 조개를 구워서 모래를 퉤퉤 뱉으며 먹은 적도
있었다.

한 번에 많이 잡아들이는 것도 문제였다. 기포발생기를 넣고 물도 자

통발로
잡아 올린
물고기들

직접 캔
조개들

주 갈아주어야 하는데 이 작업이 여간 귀찮은 것이 아니었다. 특히 여름에는 꼭 물에 얼음 주머니를 넣어주거나 냉장고 안에서 해감을 시켜야 하는데, 워낙 양이 많아서 쉽지 않았다. 그런 날에는 하룻밤 사이에 조개들이 모두 죽어버리기 일쑤였다. 그렇다고 냉장 기능을 탑재한 수족관을 구매하자니 비용이 만만치 않았다.

더 큰 문제는 이렇게 마음대로 장비를 사용해서는 안 된다는 것이었다. 통발은 5개 정도는 있어야 두 명이 먹을 수 있는 양을 잡을 수 있다. 하지만 수산자원관리법에 의하면 어업인이 아닌 자는 합법적으로 1인당 외통발(줄 하나에 통발 하나만 연결된 것)만 사용할 수 있다고 명시되어 있다. 친구와 둘이 통발을 던지려면 두 개만 넣어야 한다는 뜻이다. 하지만 그렇게 해서는 서해바다에서 도저히 수지타산이 맞지 않았다.
또한 후릿그물은 무조건 어업인만 사용할 수 있는 그물이었다. 물고기를 잡을 확률이 가장 높은 방법이었는데 사용 자체가 불법이었던 것이다. 이 그물로 엄청난 양의 물고기와 게를 잡는 모습을 영상으로 찍고 싶었는데 시도조차 하지 못하고 창고 한 구석에 방치하고 있다. 아마 그 영상이 올라갔다면 큰 인기는 얻을 수 있었을지 몰라도 엄청난 과태료를 내야 했을 것이다.

수산자원관리법 시행규칙 제6조(비어업인의 포획·채취의 제한)

법 제18조에 따라 「수산업법」 제2조 제11호에서 정하는 어업인이 아닌 자는 다음 각 호의 어느 하나에 해당하지 아니하는 어구 또는 방법을 사용하거나 잠수용 스쿠버장비를 사용하여 수산자원을 포획·채취하지 못한다.

1. 다투망

2. 쪽대, 반두, 4수망

3. 외줄낚시(대낚시 또는 손줄낚시)

4. 가리, 외통발

5. 낫대(비료용 해조(海藻)를 채취하는 경우로 한정한다)

6. 집게, 갈고리, 호미

7. 손

이처럼 바닷가에서는 의외로 해서는 안 되는 활동들이 많았다. 모두 명백히 불법이라고 명시된 것들이었다. 하지만 지금도 제주도에서는 관광객들이 바다에 들어가 뿔소라를 잡고 톳을 캐서 가져가는데, 모두 법적으로 문제될 수 있다.

나 또한 바닷가 전원생활을 시작하기 전에는 알지 못했던 일들이다. 아마 유튜브에 영상을 올리기 위해 법조항을 찾아보지 않았다면, 지금까지 불법적인 어로 행위를 계속 했을 것이다.

후릿그물
정리하는
모습

문제는 TV 프로그램이다. 불법 어로 행위를 가감없이 그대로 보여주고 있어서 시청자들이 오해하게 만들었다. 얼마 전에는 캠핑카를 타고 전국을 여행하는 일반인이 스킨스쿠버 장비나 불법 통발을 제작해 물고기를 잡는 행위가 고스란히 전파를 타기도 했다. 심지어 어민들이 바지락 씨를 뿌려 놓고 양식하는 곳에 무단으로 들어가 조개를 캐는 모습도 보여주었다. 참 답답할 노릇이다. 만약 바닷가 전원생활을 꿈꾸는 사람이 있다면 이런 부분을 미리 알아두고 준비했으면 좋겠다.

항만법 시행령 제22조(금지행위)

법 제22조 제3호에서 "대통령령으로 정하는 행위"란 항만구역 또는 항만시설에서 행하는 다음 각 호의 어느 하나에 해당하는 행위를 말한다.

1. 정당한 사유 없이 토석(土石) 또는 자갈을 채취하거나 수산동식물을 포획·채취 또는 양식하는 행위

이런 상황들 때문에 나도 언젠가부터 집 바로 앞에 줄지어 있는 조개 요리 전문점에서 편하게 사먹기 시작했다. 푸짐한 조개 요리를 맛있게 먹고 나면 저 바다에 나가 힘겹게 잡고 싶은 생각이 싹 사라진다. 바닷가 전원생활의 최대 장점은 다양한 해산물을 직접 잡아먹는 것이 아니라, 저렴한 가격에 자주 사먹을 수 있다는 것임을 깨달았기 때문이다. 간혹 지인들이 놀러와서 조개를 캐러 가자고 하면 오히려

내가 말릴 정도다.

물론 대량의 술안주가 필요한 나와 달리 순수하게 낚시 자체를 즐기는 취향이라면 전혀 문제될 것은 없다. 아마 나도 언젠가는 안줏거리 장만이 아닌 진정한 강태공의 마음으로 낚싯줄을 드리우는 날이 오겠지.

통발을 쓰지 않는 이유

+ 서해는 조석간만의 차가 커서 아무 때나 통발을 던지면 간조 시 공기 중에 노출될 위험이 있다.

+ 항상 물이 고여 있는 항구에서 통발을 던지는 것은 항만법에 의거 불법행위이기 때문에, 더 이상 하지 않고 있다.

+ 서해에서는 갯바위에서 통발을 간조에 던져서 간조에 회수해야 하는데, 이 시간을 맞추기가 여간 까다로운 게 아니다.

5장

알아두면
좋은
법과 제도들

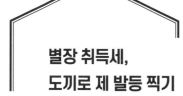

별장 취득세,
도끼로 제 발등 찍기

얼마 전까지만 해도 주 68시간이었던 법정 근로시간(연장근무 포함)
이 주 52시간으로 단축되었고, 매일같이 야근하던 대기업 친구들도
이제는 저녁 6시 30분 이전에 강제 퇴근해야 한다고 한다. 직장 내
저녁 회식은 사라지고, 주말 워크숍을 핑계로 한 단합대회도 이제는
민폐 문화가 되었다. 미혼들이야 동호회 위주로 여가생활을 즐기겠
지만 기혼들이라면 가족과 함께 하는 시간이 대폭 늘어날 것이다.
그래서인지 주 5일제가 시행된 이후 가족과 함께 전원생활을 즐기기
위해 주말주택이나 세컨드하우스를 보유하고 있는 사람들이 꾸준히
늘어나고 있다.

하지만 현실에서 적용하고 있는 법은, 건전한 전원생활 문화를 매우
사치스러운 행위로 보고 있다. 심지어 전원주택을 별장으로 치부하
여 최고로 높은 세금을 매김으로써 원천적으로 접근을 차단하고 있
으니 참으로 답답한 노릇이 아닐 수 없다.

현재의 법은 과거 1970년대 고위관직자나 재벌들의 별장 취득 같은 사치스런 행위를 막기 위해 징벌적 취지로 제정한 이래 지금까지 적용되고 있는 것이다. 2017년 경기도 가평이나 양평의 사례들만 보아도, 세수 확보를 목적으로 공포스러울 정도의 세금 폭탄을 부과해 전원생활의 꿈을 앗아간 경우를 어렵지 않게 찾을 수 있다.

예를 들어 수도권에 집을 지어 취득세 200만 원에 매년 재산세 11만 원을 내던 사람이 단속에 걸려 별장으로 과세되었다고 하자. 그러면 취득세는 최대 1800만 원까지 추가로 내야 하고, 재산세는 매년 최대 380만 원까지 내야 한다. 그야말로 세금 폭탄이다.

취득세 비교

일반주택	별장
실거래가 2억(가정)*1%=200만 원	2억*(1+8%)=1,800만 원
별장으로 과세 시 9배 과세(표준세율+8%)	

취득세 과세체계

구분	매매가액	전용면적	취득세	농특세	교육세	합계
주택매매	6억 이하	85제곱미터 이하	1%	비과세	0.1%	1.1%
		85제곱미터 초과	1%	0.2%	0.1%	1.3%
	6억 초과 9억 이하	85제곱미터 이하	2%	비과세	0.2%	2.2%
		85제곱미터 초과	2%	0.2%	0.2%	2.4%
	9억 초과	85제곱미터 이하	3%	비과세	0.3%	3.3%
		85제곱미터 초과	3%	0.2%	0.3%	3.5%

재산세 비교

일반주택	별장
1.6억(기준시가를 실거래가의 80% 가정)* 60%(주택의 공정가치비율)*세율=114,000원	1.6억*60%*4%(단일세율)=3,840,000원
별장인 경우	

취득세 과세체계

과세표준 : 기준시가 X 공정가치비율(주택은 60%)

과세표준	세율
6천만 원 이하	0.1%
6천만 원 초과 1.5억 원 이하	0.1%
1.5억 원 초과 3억 원 이하	195,000+1.5억 원 초과금액의 0.25%
3억 원 초과	57만 원+3억 원 초과금액의 0.4%

그렇다면 전원생활을 위해 주말주택을 취득하는 것이 그렇게 사치스러운 행위일까? 아래의 항목들은 세법상 주말주택을 사치성 재산으로 보아서 취득세와 재산세를 중과하는 조항들이다.

1. 휴양, 피서, 놀이 등의 용도로 사용되는 별장

2. 골프장

3. 고급주택 : 취득 시 시가표준액이 6억 원을 초과하고 1구의 건축물 전용면적이 $245\,m^2$(=74.12평)를 초과하는 공동주택 등

4. 고급오락장 : 카지노, 파친코, 나이트클럽, 룸살롱 등

5. 고급선박 : 시가표준액 3억 원을 초과하는 비업무용 자가용 선박

위의 사치성 항목을 보면 주말주택은 별장에 해당되어 사치성 재산이므로 취득세는 최대 9배 높게 내야 하고, 재산세는 매년 적게는 10배에서 많게는 40배까지 내야 한다. 조그마한 주말주택을 사행성 재산인 고급주택이나, 카지노, 나이트 클럽, 고급선박과 동일하게 취급하는 것이 형평성에 맞는지 의문이다.

물론 지방세법 시행령 28조에 따르면 모든 주말주택을 별장으로 보지는 않는다.

지방세법에 따른 별장의 범위와 기준

+ 별장이란 주거용 건축물로서 늘 주거용으로 사용하지 않고 휴양, 피서, 놀이 등의 용도로 사용하는 건축물과 그 부속 토지를 말한다.

+ 임차인이 주거용 건축물을 피서, 휴양 등의 용도로 사용하는 경우에도 중과세되며, 중과세되는 취득세는 소유자가 납부하여야 한다.

+ 별장 중 개인이 소유하는 별장은 본인 또는 그 가족 등이 사용하는 것으로 하고, 법인 또는 단체가 소유하는 별장은 그 임직원 등이 사용하는 것으로 한다.

+ 주거와 주거 외의 용도로 겸용할 수 있도록 건축된 오피스텔 또는 이와 유사한 건축물로서 사업장으로 사용하고 있음이 사업자등록증 등으로 확인되지 않는 것은 별장으로 본다.

✦ 지방자치법 3조(지방자치단체의 법인격과 관할) 3항 및 4항에 따른 읍 또는 면에 있는 지령 28조(별장 등의 범위와 적용기준) 2항으로 정하는 범위와 기준에 해당하는 농어촌 주택과 그 부속토지(중과세에 포함되지 않는 농어촌 주택과 그 부속토지의 요건)는 중과세되지 않는다.

지방세법 시행령 28조(별장 등의 범위와 적용기준)

---

1. 대지면적이 $660m^2$ 이내이고 건축물의 연면적이 $150m^2$ 이내일 것

2. 건축물의 가액이 6,500만 원 이내일 것

   (건축물의 가액은 지령 4조(건축물 등의 시가표준액 결정 등) 1항 1호를 준용하여 산출한 가액을 말한다)

3. 다음의 어느 하나에 해당하는 지역에 있지 않을 것

   가. 광역시에 소속된 군지역 또는 수도권정비계획법 2조(정의) 1호에 따른 수도권 지역(다만, 접경지역지원법 2조(정의) 1호에 따른 접경비역과 수도권정비계획법에 따른 자연보전권역 중 행정안전부령(현재 규정 없음)으로 정하는 지역은 제외한다).

   나. 국토계획법 6조(국토의 용도 구분)에 따른 도시지역 및 부동산 거래신고 등에 관한 법률 10조(토지거래허가구역의 지정)에 따른 허가구역

   다. 소법 104조의 2(지정지역의 운영) 1항에 따라 기획재정부장관이

지정하는 지역

라. 조특법 99조의 4(농어촌 주택 등 취득자에 대한 양도소득세 과세특례) 1항 1호

가목 5)에 따라 정하는 지역(관광진흥법 2조에 따른 관광단지를 말함)

즉, 농어촌 주택으로 인정받으면 중과세가 면제된다고 하는데, 세부적으로 그 요건이 과연 현실적으로 맞는지 따져봐야 한다.

더욱이 위에서 언급하고 있는 수도권이라 함은 조세 판결 사례에 따르면 서울을 접한 경기도 일대를 말하고 있다. 그런데 경기도에서는 주말주택의 크기나 건물가액을 불문하고 모두 별장으로 보고 중과세해야 한다는 것이 현재 과세 당국의 입장이다. 쉽게 말해 경기도 어느 조용한 시골의 스러져가는 농가주택을 주말주택으로 가지고 있으면 크기 불문, 건물가액 불문 무조건 중과세하겠다는 뜻이다.

별장세를 이대로 방치할 경우 정부나 지자체, 전원생활을 즐기는 당사자, 그 어느 쪽에도 도움이 되지 않을 것이다. 별장의 성립조건을 현실에 맞는 건물가액으로 상향시키든지 아니면 폐지하든지, 정부와 국회, 그리고 지자체는 그 기준을 명확히 해야 할 것이다.

우리와 달리 핀란드는 전 국민의 10퍼센트가 여름별장을 보유하고 있고, 국민 대부분이 자신이나 타인의 별장에서 주말을 보내고 있다. 전원생활은 가족적이고 매우 건전한 문화이며, 연구하고 발전시키면 비어가는 지자체의 공동화 문제도 해결해나갈 수 있을 것이다.

알아둘 것

+ 세법은 1세대 1주택의 양도소득세 비과세 규정을 적용함에 있어서 별장을 주택 수에서 제외한다고 명시하고 있지 않다. 그렇다고 1세대 2주택에 포함한다고 명시하고 있지도 않다. 따라서 이를 단속하고 과세하는 지방 과세당국에서는 지금까지 별장을 주택으로 보지 않고 사치성 재화로 취급하여 주택 수에서 제외시켜 왔다. 그래서 지금까지 1세대 2주택자가 하나의 주택을 별장으로 자신 신고할 경우 1세대 1주택의 양도세 비과세 혜택을 받을 수 있었다.

+ 최근 법원의 판례에 따르면, 종래 1세대 1주택의 해당 여부를 판정함에 있어서 별장으로 신고되었다고 주택 수에서 제외하는 과세 실무가 있었지만, 처음부터 주거용으로 건축된 주택을 단지 별장의 용도로 사용한다는 점만으로 주택 수에서 제외시킨다는 것은 부당하므로 1세대 2주택으로 보는 것이 맞다고 판정하였다. 지금은 별장으로 사용하고 있지만 주거의 기능이 그대로 유지되는 한 언제든지 주택으로 활용할 수 있다는 취지이다.

별장 취득세의
허점

●

지금까지 살펴본 별장 취득세가 얼마나 허술하고 잘못되었는지 아래의 몇 가지 예를 들어 꼬집어보겠다.

거주지가 서울인 경우

직장 때문에 서울 조그만 아파트에 전세로 거주하면서 경기도 양평에 작은 전원주택을 지어 주말마다 다니고 있다. 이 경우 1가구 1주택임에도 불구하고 상시 거주용으로 사용하지 않기 때문에 별장으로 취급해 9배의 취득세와 최대 40배의 재산세를 매년 내야 한다. 만약 단속에서 걸리면 말 그대로 엄청난 세금 폭탄을 맞게 된다.

거주지가 지방인 경우

지방에 거주하며 휴양을 목적으로 서울 한강변에 아파트를 구입했다. 이 경우 세법상 별장으로 보아 단속 대상이 된다. 하지만 별장 취득세 관련 다양한 판례를 찾아보아도, 서울 아파트를 별장으로 보아 단속하여 과세한 사례는 찾아보지 못했다.

임차인이 전원주택을 사용하는 경우

상시 거주의 목적으로 경기도에 전원주택을 지었으나 직장의 이동으로 세를 주고 다시 도시로 나가게 되었다. 이때 임차인이 휴양의 목적으로 전원주택을 사용한다면 어떻게 될까? 이 경우 위의 (지령 28조(별장 등의 범위와 적용기준)) '나'항에 명시된 것처럼 집주인이 아니라, 임차인이 휴양 목적으로 사용했으므로 별장에 해당된다. 그런데 문제는 세금 폭탄은 집주인이 내야 한다는 점이다. 아무 잘못 없는 집주인이 날벼락을 맞는 경우라고 볼 수 있다.

치유의 목적으로 오가는 경우

서울에 거주하지만 큰 수술을 받고 치유의 목적으로 주말주택을 지어 오가는 중이다. 과연 별장으로 봐야 할까? 다양한 판례들을 찾아보면, 별장임을 판단하는 중요한 요소 중 하나가 주변 경관이었다. 즉, 경치 좋은 곳에 집을 지어 놓으면 휴양이나 피서, 또는 놀이의 목적이므로 별장이 맞다는 것이다. 즉, 치유의 목적으로 경치 좋은 곳에 주말주택을 지었다고 해도 그 또한 휴양이므로 별장으로 보아 중

과세를 매기고 있다.

전원주택을 미리 구해둔 경우

은퇴를 1년 앞두고 노후 계획의 일환으로 전원생활을 알아보던 중, 마침 딱 맞는 매물이 나와 경기도 조그만 시골에 미리 전원주택을 구해서 보유하고 있다. 이 경우 역시 세금 폭탄의 대상이다. 별장 취득세 중과세 여부에는 1세대 2주택에 대한 예외조항이 없기에 은퇴 후 현재 거주하는 집을 정리한다고 해도 미리 전원주택을 구매해 보유하고 있다면 단속에 걸릴 경우 엄청난 세금을 내야 한다.

농어촌 지역 건물가액 기준

농어촌 지역이라도 건물가액이 6천 5백만 원이 넘으면 별장으로 취급할까? 과세표준은 실거래가의 80% 수준이고 건물가액을 과세표준의 60% 수준이라고 하면, 건물가액 6천 5백만 원은 신축 건축비로 환산할 때 1억 3천 5백만 원 정도이다.

그렇다면 농어촌 지역에 30평대 집을 지을 때 현실적으로 위의 금액보다 낮을까? 절대 그렇지 않다. 위의 금액은 전혀 현실적이지 않다. 적어도 2억 원에 맞춰서 상향시켜야 한다. 제대로 된 정보 없이 농어촌 지역이라고 함부로 집을 지었다가는 별장으로 낙인 찍혀 엄청난 세금 폭탄을 맞을 수 있다.

농어촌 주택의 법조항

농어촌 주택은 어느 법조항을 따라야 할까? 세법상 농어촌 주택을 언급하는 법은 크게 소득세법, 지방세법, 조세특례제한법 등이 있다. 여기서 별장에 관련해 위에서 언급한 세법은 지방세법과 조세특례제한법이다. 그런데 이 두 가지 법에서 정의하는 농어촌 주택의 가액이 혼동스럽게 표시되어 있다.

지방세법 제28조에 따르면 농어촌 주택의 요건은 건축물의 가액이 6천 5백만 원 이하라고 명시한 반면, 조세특례제한법 제99조 4항(뒷장 참조)을 보면 2009년 1월 1일 이후 취득한 주택의 건물과 토지 가액 합계가 2억 원(한옥은 4억 원) 이하일 경우 농어촌 주택의 요건을 충족시킨다고 명시되어 있다.

한쪽 법은 건축물의 가액 6천 5백만 원이라 표시되어 있고, 또 다른 법은 건축물과 토지 가액 합계가 2억 원이라고 명시된 것이다. 이런 경우 참으로 혼란스럽기만 하다.

위의 7가지 예만 보아도 현행 별장세가 얼마나 잘못되었는지를 알 수 있다. 아파트 수십 채를 보유하고 있어도 임대사업자만 등록하면 저렴한 세금을 적용받고 있고, 1세대 2주택의 양도소득세 중과에 대한 일시적 예외조항과 조세특례법에 따른 농어촌 주택 비과세혜택이 있음에도, 주말주택은 별장이란 이름으로 차별적 탄압을 받고 있는 것이 현실이다.

세법상 농어촌 주택으로
인정받으면 좋은 점

양도 소득세 비과세 혜택

요건을 충족하면 양도 소득세 비과세 혜택을 받을 수 있다. '조세특례제한법 제99조의 4항'과 '소득세법 시행령 제155조' 조건에 해당하는 농어촌 주택을 구입해 2주택자가 된 경우, 농어촌 주택을 3년 이상만 보유한 후 기존에 보유한 1주택을 팔면 양도소득세 비과세 혜택을 받는다. 양도 기간은 제한이 없다.

조세특례제한법에 따른 농어촌 주택 기준은 2003년 8월 1일부터 2020년 12월 31일 농어촌 지역(수도권 광역시제외 읍면 지역)에 있는 대지 660㎡ 미만 규모의 주택으로, 취득할 때 기준시가가 2억 원 이하(2014년 1월 1일 이후 취득한 한옥은 4억 원 이하)여야 하고 3년 이상 보유해야 한다.

예를 들어 도시에 아파트를 한 채 보유하고 있는 상태에서 위 법의 요건에 맞는 주말주택을 농어촌 지역에 마련했다고 하자. 그러면 3년 후 도시의 아파트를 팔아도 1세대 2주택에 해당하는 양도세율이 아니라, 1세대 1주택으로 간주해서 비과세 혜택을 받을 수 있다. 이때 농어촌 주택을 먼저 팔면 혜택이 없다. 이러한 기준은 양도세를 산정할 때만 적용하는 것으로 다른 법에 의해 보유 주택 수는 여전히 2주택이다. 즉, 1세대 1주택의 나머지 혜택은 받지 못한다.

양도세 중과세 및 장기보유특별공제 혜택

요건을 충족하면 집을 팔 때 양도세 중과세 및 장기보유특별공제 혜택을 받을 수 있다. 지금까지 서울 25개구 전체, 경기도 고양시, 성남시, 과천시 등, 수도권 조정 대상 지역 내에서 2주택자가 집을 한 채 팔면 양도세 중과세뿐만 아니라 장기보유특별공제 혜택도 받지 못했다. 하지만 2018년 12월 24일 '조세특례제한법 제99조'에 새롭게 신설되어 추가된 조항에 따르면 혜택을 받을 수 있다. 수도권에 집을 두 채 보유한 사람이 한 채를 팔고, 일정 기간 내 그 돈으로 고향(출생지 또는 10년 이상 거주한 20만 이하 시군) 또는 읍면 지역에 농어촌 주택을 구입할 경우, 1세대 2주택이라고 하더라도 양도소득세를 정상 과세하고 최대 30% 세액공제 혜택을 받는 장기보유특별공제를 적용한다고 한다(284쪽 법조항 참조).

집을 팔 때는 거액의 양도세 중과세를 내야 하지만 그 돈으로 인구 20만 이하의 고향에 금액 불문 집을 사거나, 농어촌 지역에 기준시가 2억 원 이하의 집을 사면 오히려 세금을 면제해주고 장기보유특별공제 혜택까지 인정해준다는 내용이다.

물론 수도권 조정 대상 지역 내 집 두 채의 공시지가 합이 6억 원 미만일 때만 적용된다. 과연 그 금액 조건이 현실적으로 적합한가 하는 의구심이 들지만, 만약 해당된다면 분명 큰 도움이 될 것이다.

하지만 지역 불균등 해소와 침체된 지방의 활성화, 그리고 농촌 지역의 공동화 문제를 해결하기 위한 것이라면, 보다 적극적으로 농어촌 주택의 인정요건을 완화시킬 필요가 있다.

또한 법조항에 의하면 토지 포함 주택을 취득할 때 주택과 토지가액의 합계가 2억 원을 넘지 않아야 농어촌 주택으로 인정받을 수 있는데, 과연 이 기준이 현실적으로 부합하는지 의구심이 든다.

물론 이미 지어진지 오래된 집을 취득한다면 2억 원 한도 내에서 충분히 구할 수 있다. 하지만 전원주택을 짓는다면 토지와 건물 합계액을 2억 원 미만으로 맞추기가 매우 어렵다. 취득세를 신고할 때 일부러 세금계산서상의 실거래액보다 훨씬 낮은 과세표준으로 신고하여 억지로 맞출 수도 있겠지만, 과연 이런 방법이 세법의 취지에 부합될지 의문이다.

꺼져가는 농촌을 살리기 위해서는 더 이상 귀농만이 답이 아니다. 도시민이 가족 중심의 여가시간을 농촌에서 가질 수 있도록 적극적으로 유인해야 할 때다. 그러기 위해서는 농어촌 주택의 인정요건이 보다 현실적으로 완화되어야 할 것이다.

조세특례제한법 제99조 4항(농어촌 주택등 취득자에 대한 양도소득세 과세특례)

① 거주자 및 그 배우자가 구성하는 대통령령으로 정하는 1세대(이 하 이 조에서 "1세대"라 한다)가 2003년 8월 1일(고향주택은 2009년 1월 1일)부터 2020년 12월 31일까지의 기간(이하 이 조에서 "농어촌 주택 등취득기간"이라 한다) 중에 다음 각 호의 어느 하나에 해당하는 1채의 주택(이하 이 조에서 "농어촌 주택등"이라 한다)을 취득(자기가 건설하여 취 득한 경우를 포함한다)하여 3년 이상 보유하고 그 농어촌 주택등 취득 전에 보유하던 다른 주택(이하 이 조에서 "일반주택"이라 한다)을 양도하 는 경우에는 그 농어촌 주택등을 해당 1세대의 소유주택이 아닌 것 으로 보아 「소득세법」 제89조제1항제3호를 적용한다. 〈개정 2010. 1. 1., 2011. 5. 19., 2011. 12. 31., 2014. 1. 1., 2014. 12. 23., 2015. 12. 15., 2016. 1. 19., 2016. 12. 20., 2017. 12. 19.〉

1. 다음 각 목의 요건을 모두 갖춘 주택(이 조에서 "농어촌 주택"이라 한다)

가. 취득 당시 다음의 어느 하나에 해당하는 지역을 제외한 지역으로서 「지방자치법」 제3조제3항 및 제4항에 따른 읍·면 또는 인구 규모 등을 고려하여 대통령령으로 정하는 동에 소재할 것

　　1) 수도권지역. 다만, 「접경지역 지원 특별법」 제2조에 따른 접경지 역 중 부동산가격동향 등을 고려하여 대통령령으로 정하는 지역 은 제외한다.

　　2) 「국토의 계획 및 이용에 관한 법률」 제6조에 따른 도시지역

　　3) 「소득세법」 제104조의2제1항에 따른 지정지역

4) 「부동산 거래신고 등에 관한 법률」 제10조에 따른 허가구역

5) 그 밖에 관광단지 등 부동산가격안정이 필요하다고 인정되어 대통령령으로 정하는 지역

나. 대지면적이 660제곱미터 이내일 것

다. 주택 및 이에 딸린 토지의 가액(「소득세법」 제99조에 따른 기준시가를 말한다)의 합계액이 해당 주택의 취득 당시 2억원(대통령령으로 정하는 한옥은 4억원)을 초과하지 아니할 것

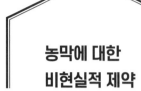

농막에 대한
비현실적 제약

농막을 짓는 것은 전원생활을 계획하는 사람들이 가장 쉽게 접근할 수 있는 방법 중 하나다. 건축허가가 없이 아래의 요건에만 맞으면 신고 후 혹은 지역에 따라서는 신고 절차 없이도 농막을 설치할 수 있다. 따라서 기존의 농지(전이나 답)을 대지로 바꿀 필요도 없고, 건축허가에 필요한 도로에 대한 제반사항도 크게 고려하지 않아도 되어 비용적으로도 큰 장점을 가지고 있다. 그럼 농림축산 식품부의 '농지업무 편람'에 의거한 농막의 의미를 알아보자.

농막의 요건

+ 농업 생산에 직접 필요한 시설일 것
+ 주거 목적이 아닌 시설로서 농기구 · 농약 · 비료 등 농업용 기자재 또는 종자 보관, 농작 업자의 휴식 및 간이 취사 등의 용도로 사용되는 시설일 것
+ 연면적의 합계가 $20m^2$ 이내일 것

위의 요건에 만족하면 복잡한 절차 없이 간단하게 신고만 해도 농막을 설치할 수 있다. 문제는 농막을 농업 생산에 직접 필요한 시설이라고 명시해놓고 2번 조항에 의거, 거주용으로는 사용을 금지하고 있다는 것이다. 하지만 2011년 11월부터는 전기, 가스, 수도의 연결을 법적으로 허용하고 있다. 또 지역마다 조건이 다르지만 현행법상 농막에 정화조를 설치하지 못하게 하는 법조항은 없다.

다만, 전기, 수도, 가스, 정화조 설치, 및 낮잠과 같이 잠깐의 휴식은 허용이 되나 밤잠이나 주말주택과 같은 용도로 사용을 금지하고 있는 것이 문제다. 어차피 연면적 20제곱미터는 평수로 따지면 6평인데, 현실적으로 6평 농막을 상시 거주용으로 사용하는 사람은 극히 적을 것이다.

더 큰 문제는 농막에 관한 명확한 기준이 없다는 데 있다. 심지어 충북 단양 지역은 농막의 신고조차 안 해도 된다고 하고, 양평과 같은 경우에는 정화조 설치에 관한 엄격한 단속을 하는 등, 지자체 조례에 따라 서로 다른 판단을 내리고 있다.

현재 농막은 대부분 주거용 시설을 갖춰 나아가고 있다. 하다못해 EBS의 〈극한직업〉이란 프로그램에서는 이동식 주택의 제작 과정을 보여주면서 농막이 주방과 화장실, 그리고 침실까지 하나의 집으로서 손색이 없다는 내용을 방영했다.

유명무실한 법조항으로 전원생활의 장벽을 높이기보다 현실을 반영해 거주의 용도를 허용하는 법이 필요한 시점이다.

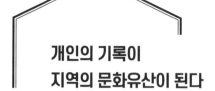

개인의 기록이
지역의 문화유산이 된다

앞으로 전원생활이 여가문화로 정착이 되면 이를 누리는 개인의 기록 또한 누적될 것이다. 지금도 다양한 전원생활 관련 콘텐츠들이 쏟아지고 있다. 이러한 콘텐츠들은 주변 환경을 다각도로 보여주거나 그 지역의 특산품을 다루는 경우가 많다.

나도 전원주택이 있는 충남 서천에서 지내며 유명한 관광지나, 전통시장, 항구 등을 방문하여 관광도 하고 필요한 식료품도 구매하며 지역적 특색을 담은 영상을 제작하고 있다. 그리고 유튜브에 영상을 올리면 누구든지 다른 플랫폼에도 공유할 수 있다. 만약 충남 서천의 홍보를 담당하는 부서에서 이와 같이 지역적 특색을 보이는 기록들을 모아서 통합적으로 관리한다면 어떠한 효과가 있을까?

현재 대부분의 지방 중소도시에서는 SNS 홍보대사를 위촉하여 정기적인 블로그 글을 게재할 경우 소정의 원고료를 지급하는 방식으로 지역홍보 활동을 펼치고 있다. 하지만 홍보대사의 블로그 글이 대부분 획일적이고 실제 관광객이 느끼는 것과는 차이가 크다. 긍정적인 평가로만 도배된 인위적으로 홍보 글이 아닌 새로운 방안도 모색해볼 필요가 있다.

이젠 소통의 플랫폼도 글에서 사진 그리고 동영상으로 이동하고 있다. 동영상 플랫폼에서 활동하는 지역의 크리에이터를 발굴하고, 이들의 영상을 규합하여 통합적으로 관리하는 것이 앞으로 훨씬 유용할 것이다. 예를 들어, 지역의 특산품을 먹고 마시는 콘텐츠, 지역의 유명 관광지를 방문하는 콘텐츠, 기타 지역 축제를 다녀온 기록들을 모아 솔직한 평가와 후기를 보여주는 것이 인위적으로 만들어진 콘텐츠보다 훨씬 홍보 효과가 클 것이다.

개인의 기록만 잘 관리해도 그 지역의 훌륭한 문화유산이 된다. 전원 생활을 즐기는 당사자들은 기록하고 공유하는 즐거움을 누리고, 해당 지역에서는 이러한 기록을 자체적으로 모아 홍보하여 더 나은 결과들을 만들어가기 바란다.

지역 관광지
선유도를
둘러보며
찍은 영상

"당신의 행복한 전원생활을
응원합니다"

유튜브에 전원생활 관련 영상을 올리면서, 그리고 이 책을 집필하면서도 늘 같은 고민 때문에 마음 한편이 무거웠다. 미디어와 활자를 통해서 사람들에게 보여지는 나의 모습이 혹시 실제와 다르게 비춰지는 것은 아닌지, 나의 삶을 미화시키고 스스로 과장된 모습을 연출하고 있는 것은 아닌지 늘 걱정되었다. 그래서 항상 솔직하게, 있는 그대로의 전원생활을 보여주자는 마음으로 콘텐츠를 만들었다. 하지만 나의 삶에 대한 동경심 가득한 댓글들을 볼 때마다, 무거운 추를 메고 물 속으로 뛰어드는 느낌이 들었다.

내가 누리고 있는 전원생활이 누군가의 꿈이며, 그들의 꿈을 대신 이루고 있다는 말에 미안함 마음이 드는 것은 어쩔 수 없었다. 누군가가 나에 대한 막연한 동경심으로 전 재산을 들여 전원주택을 짓다가 잘못된다면, 그렇게 지워진 멍에는 평생 벗어 던지기 어려울 것이기 때문이었다. 그래서 지금까지 한 번도 가까운 지인들에게조차 무작정 전원생활을 권해본 적이 없었다.

사실 이 책을 집필하기 시작한 것은 1년 전쯤이었다. 전원생활과 관련해서 복잡한 정보들을 새롭게 업데이트해서 전원생활을 꿈꾸는 사람들에게 조금이라도 도움이 되길 바라는 마음에서였다. 그런데 놀랍게도 마침 여러 출판사에서 출간 제안이 이어졌다. 하지만 전원생활에 대한 유용한 정보를 제공하려는 나의 목적과 달리, 몸과 마음이 지친 한 남자가 전원생활을 통해 꿈을 이루었다는 감동적인 성장 드라마를 원했다.

책의 서두에서 밝혔듯이 바닷가 전원주택은 나의 최종 꿈이 아니었다. 앞으로 도전해나갈 수많은 일들 중에 이제 갓 걸음마를 떼었을 뿐이었다. 출판사들의 비슷한 제안으로 나의 모습이 의도와 달리 잘못 비춰지고 있음을 확실히 깨달았다. 그것이 출간 제안을 모두 고사한 이유이다.

이후 내가 생각하는 방향대로 원고의 집필을 마친 후 투고를 통해 나의 생각을 공감해주는 출판사를 만나 책을 출간하게 되었다. 이 책은 정보의 제공이 목적이기도 하지만, 복잡한 심경을 해소시켜줄 면죄부가 될 수 있지 않을까 하는 마음도 크다.

막연히 누군가에 대한 동경심으로 전원생활을 꿈꾸었다면 이 책을 읽고 모든 계획을 말끔히 접어도 좋다. 그럼에도 전원생활을 시작하고 싶은 사람들에게 이 책이 길라잡이가 되어준다면 더할 나위 없이 좋을 것이다. 많은 분들의 마음에 불을 지핀 주동자로서 마땅히 가져야 할 책임감으로 책을 썼다. 특히 기존의 전문가들이 소개하는 전원주택 건축 관련 책들과 달리, 건축주 입장에서 스스로 답을 찾을 수 있도록 하는 데 초점을 맞추었다.

전원주택을 예쁘게 싯기 위한 기술적인 방법을 빼곡하게 제시하기보다는, 전원생활을 즐기기 위한 내면의 진정한 동인이 무엇인지 스스로 깨닫기를 바라는 마음을 담았다. 그것이 바로 실패 없는 전원생활의 핵심이자 출발점이기 때문이다.

대부분의 사람들이 전원주택만 잘 지으면 된다고 생각하지만, 전원생활을 즐기는 데 전원주택의 비중이 그리 크지 않음을 부디 이 책을 통해 알 수 있기를 바란다. 그리고 오랜 준비 기간을 통해 시행착오 없이 바라고자 하는 행복한 전원생활을 이루길 소망한다.

끝으로 최초 '전원생활 레볼루션'이라는 황당한 제목과 급진적 내용의 원고를 보고 당황하지 않고 책의 형태로 빚어준, 푸른 숲의 이미지를 품은 청림출판사와 하고 싶은 말을 가득 담은 이 원고를 잘 다듬어준 칼의 여왕 새봄 에디터님께 깊은 감사의 인사를 전하고 싶다.

그리고 온전한 나로 살아갈 수 있도록 언제나 곁에서 무한한 신뢰를 보여주는 사랑하는 아내 민주와, 아빠가 행복해야 아들도 행복하다는 지론으로 오늘도 옆에서 함께 웃어주는 영원한 나의 소울메이트 아들 성균에게 출간의 기쁨과 모든 영광을 바친다.

헛돈 쓰지 않고, 꿈꾸던 대로
전원주택 짓고 즐기며 삽니다

1판 1쇄 인쇄 2019년 5월 24일
1판 1쇄 발행 2019년 6월 19일

지은이 정문영
펴낸이 고병욱

기획편집실장 김성수 **책임편집** 이새봄 **기획편집** 양춘미 김소정
마케팅 이일권 송만석 현나래 김재욱 김은지 이애주 오정민
디자인 공희 진미나 백은주 **외서기획** 이슬
제작 김기창 **관리** 주동은 조재언 **총무** 문준기 노재경 송민진 우근영

펴낸곳 청림출판(주)
등록 제1989-000026호

본사 06048 서울시 강남구 도산대로 38길 11 청림출판(주) (논현동 63)
제2사옥 10881 경기도 파주시 회동길 173 청림아트스페이스 (문발동 518-6)
전화 02-546-4341 **팩스** 02-546-8053
홈페이지 www.chungrim.com **이메일** life@chungrim.com
블로그 blog.naver.com/chungrimlife **페이스북** www.facebook.com/chungrimlife

ⓒ 정문영, 2019

ISBN 979-11-88700-42-4 (13590)